数学の みかた，考え方

# 暗号から学ぶ
# 代数学

川添充＝著　上野健爾＝監修

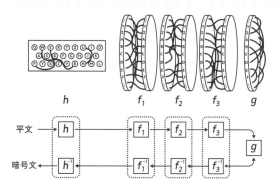

技術評論社

# 目　　次

# はじめに

　暗号という具体的な話題を入り口にして初学者にも親しみやすい代数学の入門書を書けないか，そんなお話を頂いたのは 2015 年の 2 月頃のことでした．難しいお題を頂いたと思う一方で，数学と暗号の境界領域に身を置き，大学では代数学と暗号の両方の授業を担当している者として，これまでの経験を活かせるまたとない機会とも感じられました．その後正式に企画がスタートしたのは 2016 年からでしたが，意気込んで執筆に取りかかったものの，暗号を軸にした展開の構想がなかなかまとまらず，思いのほか時間がかかってしまいました．ここにようやく本書「暗号から学ぶ代数学」を刊行できることを大変うれしく思います．

　本書は，暗号の発展の歴史に沿って代数学の概念や定理を紹介していく構成となっています．主要な章では，暗号という現実世界での具体的な応用の話から始めることによって，代数学の概念の必要性や意味が理解できるような展開を心掛けました．第 1，2，4，5，8，9 章では，章のはじめに暗号の話題を置き，その暗号を中心として内容が展開します．これらの章で紹介している暗号は，歴史上存在した暗号や現在実際に使われている暗号です．ただ，代数学のすべての内容を暗号と絡めて紹介できるわけではありませんし，暗号以外の応用分野でも代数学は重要です．そこで，暗号以外の分野との繋がりを紹介する章（第 6 章）や，暗号というストーリーを離れた先に広がる代数学への橋渡しのための数学の内容のみの章（第 3，7，10 章）も設けました．

　本書で扱っている内容は大学 2 年次レベルの代数学の入門的講義半年間分の内容に相当します．群・環・体の基礎的な概念を一通り紹介していますが，あくまで入門として広く浅く紹介する程度にとどめています．

本書の内容の先にあるものを学びたくなった人は，第 10 章のあとに設けた「さらに学びたい人へ」を読んでみてください．代数学だけでなく暗号についてもおすすめの本を紹介しています．

　本書では，暗号の発展というストーリーに沿って代数学の話が展開していくため，通常の代数学の入門書とは定義や定理の順序が異なっています．このため，代数学の理論体系に沿って定義や定理を整理し直したものを付録 A として付けました．本書で学んだ内容の振り返りとしてご利用ください．付録 B には各章末の演習問題の解答を掲載しました．付録 A と合わせて役立てていただければと思います．

　冒頭にも述べましたが，最初にお話をいただいてから 6 年という歳月が経ってしまいました．刊行に至るまでずいぶん時間をかけてしまいましたが，暗号という具体的な応用の話題に触れながら代数学を学ぶという本書のスタイルが，皆さんが代数学に親しみをもちながら学べる手助けとなればうれしいかぎりです．

　本書の執筆にあたっては，さまざまな方々のお世話になりました．監修の上野健爾氏ならびに技術評論社の成田恭実氏には企画段階から大変お世話になりました．両氏には，本書を執筆する機会を与えてくださったこと，そして筆者の筆が遅々として進まないのを温かく見守ってくださったことに対して心より感謝いたします．また，大阪府立大学の吉冨賢太郎氏，水野有哉氏，富士通研究所の伊豆哲也氏，早稲田大学の高島克幸氏には，大変お忙しい中，草稿段階の原稿に丁寧に目を通して頂き，吉冨氏，水野氏からはとくに数学部分，伊豆氏，高島氏からはとくに暗号部分の記述に対して有益な助言を数多く頂きました．厚くお礼申し上げます．

　2021 年 10 月

川添　充

# 第 **1** 章

# 暗号と代数学

本章では，シーザー暗号を例に暗号とは何かを説明するところから始め，数学が暗号にどのように関係しているか，さらには代数学が暗号にどのように関係しているのかについて説明する.

**本章での主な学習内容** ——————
暗号の仕組み，暗号の数学的定式化.

# 1.1　暗号とは何か

　古代ローマのジュリアス・シーザーは，秘密にしたい内容を記す際にはアルファベットを 3 文字ずらして書き記すといった工夫をしていたと伝えられている．たとえば「I am Julius.」という文章をこの方法で記すと「ldpmxolxv」となる（図 1.1）．記された文字列を見ただけでは何か意味のあることが記されているかどうかはわからない．アルファベットを 3 文字ずらしたことを知っている人だけがもとの文字列を復元することができる．シーザーが使ったこの手法は**シーザー暗号**とよばれ，暗号の代表例として広く世の中に知られている．

| 変換前 | a b c d e f g h i j k l m n o p q r s t u v w x y z |
|---|---|
| 変換後 | d e f g h i j k l m n o p q r s t u v w x y z a b c |

I am Julius. $\longrightarrow$ ldpmxolxv
（大文字小文字の違いは無視して変換し，空白をとって繋げる）

**図 1.1　シーザー暗号の文字変換表と変換例**

　シーザー暗号のように，特定の人以外には読めないようにメッセージを変換することで内容を秘匿する技術を**暗号**とよぶ．暗号による通信は，メッセージを読めないように変換する**暗号化**と，暗号化されたものをもとのメッセージに戻す**復号**の二つの操作により成り立っている．暗号化される前のメッセージを**平文**，平文が暗号化されたものを**暗号文**という．シーザー暗号の例でいえば，「平文のアルファベットを 1 文字ずつアルファベット表の 3 文字後ろの文字にずらす」操作が暗号化であり，暗号化とは逆に「暗号文のアルファベットを 1 文字ずつアルファベット表の 3 文字前の文字にずらす」操作が復号である．また，上に示した例では，「I am Julius.」が平文，「ldpmxolxv」がその暗号文である．

　暗号はシーザーの時代よりもはるか昔から使われているが，現在ではその用途は大きく広がり，インターネット上の通信やデータ保存，IC カードでの認証や支払いに利用されるなど，我々の生活を支える基盤技術となっている．

# 1.2 暗号は関数である

暗号化と復号の操作は「アルゴリズム」（決まった手順で行われる手続き）として与えられる．現代暗号では，そのアルゴリズムを暗号化と復号のための「鍵」と「鍵によって定まる暗号化と復号のアルゴリズム」に分けて考え，暗号を**鍵**，**暗号化アルゴリズム**，**復号アルゴリズム**で定まるものとしてとらえる（図 1.2）．

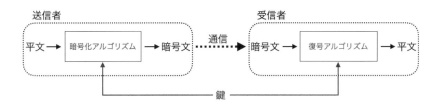

**図 1.2** 現代暗号の考え方

シーザー暗号の例でいうと，暗号化の手続きを「入力された文のアルファベットを 1 文字ずつアルファベット表の□文字後ろの文字にずらす」と「□＝3」に分けて考えるということである．このとき，「□＝3」が鍵，「入力された文のアルファベットを 1 文字ずつアルファベット表の□文字後ろの文字にずらす」が暗号化アルゴリズムにあたる．同様に，復号では「入力された文のアルファベットを 1 文字ずつアルファベット表の□文字前の文字にずらす」が復号アルゴリズムにあたる（図 1.3）．

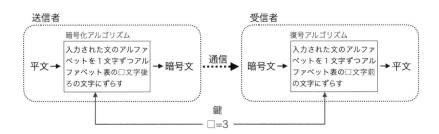

**図 1.3** シーザー暗号の鍵と暗号化・復号アルゴリズム

　このように鍵と鍵によって定まるアルゴリズムに分けて考えると，暗号化アルゴリズムと復号アルゴリズムを共通にしながら鍵を取り替えることで，特定の二人の間だけでなく多くの人の間で利用できるようになる．シーザー暗号の場合，鍵を3以外の数にすることでシーザー暗号の変種が得られる．シーザー暗号とその変種は，まとめて**シフト暗号**とよばれるが，シーザー暗号をシフト暗号に一般化することで，AさんとBさんの間では鍵3を使い，AさんとCさんの間では鍵5を使うといったことができるようになる．

　現代暗号では，これらの話が「関数」の概念を用いて整理される．関数 $y = f(x)$ は，$x$ に対してある定められた規則によって $y$ を対応させるものである．暗号化アルゴリズムに対して鍵を一つ決めると，平文を暗号文に対応させる規則が決まることから，鍵を決めるごとに，平文に対して暗号文を対応させる関数（**暗号化関数**）が一つ定まることになる．同様にして，復号アルゴリズムに対して鍵を一つ決めると，暗号文を平文に対応させる規則が決まるため，暗号文に対して平文を対応させる関数（**復号関数**）が一つ定まることになる．鍵 $K$ から定まる暗号化関数を $E_K$，復号関数を $D_K$ で表すと，$E_K$ で暗号化されたものは $D_K$ でもとの平文に戻らなくてはならないので，$E_K$，$D_K$ は平文全体の集合と暗号文全体の集合の間の全単射（上への一対一関数）であり，$D_K$ は $E_K$ の逆関数である（関数についての用語は次ページのコラムを参照）．

平文 $x$ に対して，$D_K(E_K(x)) = x$ が成り立つ．

**図 1.4　暗号化と復号は関数である**

　現代暗号ではこのように，暗号化と復号を鍵によって定まる関数としてとらえ，暗号を，鍵を取り替えるごとに暗号化関数と復号関数が変わる「システム」としてとらえる．この現代的な見方での暗号の定式化については次節で紹介する．

## コラム　関数についての用語のまとめ

　一般に，集合 $X$ の各元 $x$ に対して，集合 $Y$ の元 $y$ を対応させる規則があるとき，$x$ に対して $y$ が対応することを $y = f(x)$ のように書いて，$f$ を集合 $X$ から集合 $Y$ への**関数**（または**写像**）といい，$f : X \to Y$ と表す．

　$X$，$Y$ が有限集合（有限個の元からなる集合）のとき，$X$ の元と $Y$ の元の対応を矢印で表すと，関数のイメージは次のようになる．

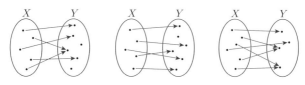

　関数であるということは，$X$ のどの元からも $Y$ の元に向かう矢印が 1 本だけ出ていて，この対応が常に固定されているということである．関数は，$X$ の複数の元が $Y$ の同じ元に対応してもよいので，二つ以上の矢印が同じ $Y$ の元を指していてもよい（上図左，右）．また，$Y$ のすべての元が $X$ の元に対応しなくてもよいので，どこからも矢印が来ない $Y$ の元があってもよい（上図左，中央）．

　$X$ の異なる元が $Y$ の異なる元に対応する関数を**単射**（**一対一関数**）という．単射とは，複数の矢印が同じ $Y$ の元を指すことはない関数のことである（上図中央）．

　$Y$ のどの元 $y$ に対しても $y = f(x)$ となる $X$ の元 $x$ がある関数を**全射**（**上への関数**）という．全射とは，$Y$ のどの元にも矢印が来ている，すなわち，どこからも矢印が来ない $Y$ の元はない関数のことである（上図右）．

　単射かつ全射である関数を**全単射**（**上への一対一関数**）という（下図）．全単射の場合，矢印の向きを逆にした $Y$ から $X$ への逆の対応も関数になる．この逆の対応を**逆関数**という．

# 1.3 暗号の数学的定式化と例

現代の暗号理論では，暗号は次のように定式化される．

---

**定義**

次の五つの集合 $\mathcal{P}, \mathcal{C}, \mathcal{K}, \mathcal{E}, \mathcal{D}$ によって定まる暗号化と復号のシステムを $(\mathcal{P}, \mathcal{C}, \mathcal{K}, \mathcal{E}, \mathcal{D})$ の定める**暗号**という．

1. $\mathcal{P}$：平文全体の集合

2. $\mathcal{C}$：暗号文全体の集合

3. $\mathcal{K}$：鍵全体の集合

4. $\mathcal{E} = \{E_K \mid K \in \mathcal{K}\}$：暗号化関数全体の集合（$E_K$ は $K$ によって定まる $\mathcal{P}$ から $\mathcal{C}$ への全単射）

5. $\mathcal{D} = \{D_K \mid K \in \mathcal{K}\}$：復号関数全体の集合（$D_K$ は $K$ によって定まる $\mathcal{C}$ から $\mathcal{P}$ への関数で，任意の $x \in \mathcal{P}$ に対して $D_K(E_K(x)) = x$ をみたす.）

---

$x$ が集合 $X$ の元であることを $x \in X$ と表す．

$(\mathcal{P}, \mathcal{C}, \mathcal{K}, \mathcal{E}, \mathcal{D})$ の定める暗号を，$(\mathcal{P}, \mathcal{C}, \mathcal{K}, \mathcal{E}, \mathcal{D})$ の定める**暗号方式**（または**暗号系**）ということもある．鍵全体の集合 $\mathcal{K}$ を**鍵空間**という．$D_K(E_K(x)) = x$ は，平文 $x$ を $E_K$ で暗号化したものは $D_K$ でもとの平文 $x$ に戻ることを表す条件である．

現代暗号では，$\mathcal{P}, \mathcal{C}, \mathcal{K}, \mathcal{E}, \mathcal{D}$ をすべて公開する．つまり，暗号通信で秘密にするのは「どの鍵（$K \in \mathcal{K}$）を用いたか」と平文の内容のみであり，「どの暗号（暗号方式）を用いたか」は秘密にしない．このようにしても通信内容の秘密が保たれる暗号のみが安全な暗号とみなされる．

第三者が暗号通信の秘密を暴こうとすることを「暗号を**攻撃する**」という．暗号の攻撃者が，公開情報や通信で入手できる情報から鍵や平文の一部を暴くことができたとき，その暗号は**破られた**という．

以下では，いくつかの具体的な暗号をとりあげ，それらの $\mathcal{P}$, $\mathcal{C}$, $\mathcal{K}$, $\mathcal{E}$, $\mathcal{D}$ を用いた定式化をみてみよう．

**例 1.1**　シフト暗号を 1 文字ずつ暗号化する暗号とみると，次の集合によって定まる暗号として表せる．

$\mathcal{P} = \mathcal{C} =$ アルファベット 26 文字全体からなる集合,

$\mathcal{K} = \{0, 1, 2, \ldots, 25\}$,

$\mathcal{E} = \{E_K \mid E_K$ は $K(\in \mathcal{K})$ 文字後ろの文字にずらす関数 $\}$,

$\mathcal{D} = \{D_K \mid D_K$ は $K(\in \mathcal{K})$ 文字前の文字にずらす関数 $\}$.

　$K = 0$ に対しては $E_K$ は平文のままで暗号化しない関数になるが，理論的に扱う際に都合がよいので，暗号化関数に含めている．

**例 1.2**　シフト暗号を一般化して，変換表の 2 段目にアルファベット 26 文字の任意の並び替えを使うことを考えてみよう．

| 変換前 | a b c d e f g h i j k l m n o p q r s t u v w x y z |
|---|---|
| 変換後 | p d y g z q o i a f s r u c k b j x v n w h l e t m |

**図 1.5**　26 文字の並び替えによる文字変換表の例

このような変換表を用いる暗号は，次の集合によって定まる暗号となる．

$\mathcal{P} = \mathcal{C} =$ アルファベット 26 文字全体からなる集合,

$\mathcal{K} =$ アルファベット 26 文字の並び替え全体からなる集合,

$\mathcal{E} = \{E_K \mid E_K$ は $K(\in \mathcal{K})$ を変換表の 2 段目とする暗号化関数 $\}$,

$\mathcal{D} = \{D_K \mid D_K$ は $K(\in \mathcal{K})$ を変換表の 2 段目とする復号関数 $\}$.

この暗号はシフト暗号をその一部に含んでおり，シフト暗号の $\mathcal{E}$ と $\mathcal{D}$ はこの暗号の $\mathcal{E}$ と $\mathcal{D}$ の部分集合になっている．

**例 1.3**    上杉謙信の暗号として知られる暗号は，図 1.6 のような変換表を用いて，ひらがなを 1 文字ごとに二つの数字の組に変換する．

| 二 | 五 | 一 | 三 | 七 | 四 | 六 |   |
|---|---|---|---|---|---|---|---|
| ゑ | あ | や | ら | よ | ち | い | 七 |
| ひ | さ | ま | む | た | り | ろ | 六 |
| も | き | け | う | れ | ぬ | は | 二 |
| せ | ゆ | ふ | ゐ | そ | る | に | 一 |
| す | め | こ | の | つ | を | ほ | 四 |
| ん | み | え | お | ね | わ | へ | 五 |
|   | し | て | く | な | か | と | 三 |

(例) いえやす → 六七 一五 一七 二四　（表の上の数字と右の数字の組で表す）
　　　　　　　　67　15　17　24
**図 1.6**    上杉謙信の暗号

上杉謙信の暗号は，次の集合によって定まる暗号である．

$\mathcal{P} =$ ひらがな 48 文字に空白を加えた 49 文字からなる集合，

$\mathcal{C} = \{(i,j) \,|\, i,j \in \{1,2,\ldots,7\}\}$,

$$\mathcal{K} = \left\{ (i_1,i_2,\ldots,i_7,j_1,j_2,\ldots,j_7) \,\middle|\, \begin{array}{l} i_1,i_2,\ldots,i_7 \text{ と} \\ j_1,j_2,\ldots,j_7 \text{ は,} \\ 1,2,\ldots,7 \text{ の並べ替え} \end{array} \right\},$$

$\mathcal{E} = \{E_K \,|\, E_K$ は $K(\in \mathcal{K})$ と図 1.7 で定まる $\mathcal{P}$ から $\mathcal{C}$ への関数 $\}$,

$\mathcal{D} = \{D_K \,|\, D_K$ は $K(\in \mathcal{K})$ と図 1.7 で定まる $\mathcal{C}$ から $\mathcal{P}$ への関数 $\}$.

集合 $A$ と集合 $B$ の元の組全体の集合 $\{(a,b) \,|\, a \in A, \, b \in B\}$ を $A$ と $B$ の**直積**といい，$A \times B$ で表す．直積の記号を用いると，例 1.3 の $\mathcal{C}$ と $\mathcal{K}$ は，1 から 7 までの整数の集合を $N$，$1,2,\ldots,7$ の並べ替え全体の集合を $S$ とするとき，$\mathcal{C} = N \times N$，$\mathcal{K} = S \times S$ と表せる．

| $i_1$ | $i_2$ | $i_3$ | $i_4$ | $i_5$ | $i_6$ | $i_7$ | |
|---|---|---|---|---|---|---|---|
| ゑ | あ | や | ら | よ | ち | い | $j_1$ |
| ひ | さ | ま | む | た | り | ろ | $j_2$ |
| も | き | け | う | れ | ぬ | は | $j_3$ |
| せ | ゆ | ふ | ゐ | そ | る | に | $j_4$ |
| す | め | こ | の | つ | を | ほ | $j_5$ |
| ん | み | え | お | ね | わ | へ | $j_6$ |
| | し | て | く | な | か | と | $j_7$ |

**図 1.7** $K = (i_1, i_2, \ldots, i_7, j_1, j_2, \ldots, j_7) \in \mathcal{K}$ で定まる変換表

# 1.4 暗号と代数系

これまでみてきた暗号の例では，$\mathcal{P}$ は文字の集合であったが，暗号ではしばしば，平文や暗号文を「数」に変換して $\mathcal{P}$ や $\mathcal{C}$ を「数」の集合とし，$E_K$ や $D_K$ を，$\mathcal{P}$ や $\mathcal{C}$ からとってきた「数」に対して，その「数」を「式」に代入して計算した結果を出力する関数として与える．

「数」を「式」に代入して計算することができるためには，$\mathcal{P}$ や $\mathcal{C}$ は「数」同士の「演算」を備えた集合である必要がある．演算を備えた集合を数学では**代数系**という．暗号との関わりで現れるさまざまな代数系の具体例は，おもにこの関わりにおいて現れる．

暗号では，$\mathcal{P}$ や $\mathcal{C}$ として，さまざまな代数系が登場する．代数系は，演算の備わり方によって，**群・環・体**などに分類される．このうち，体は有理数全体や実数全体などのように四則演算ができる代数系である．群・環・体の定義も含めて，暗号との関わりで現れる群・環・体の具体例やその性質については，後に続く章で具体的な暗号とともにみていくことになる．

## コラム　暗号の歴史

　本章では，シーザー暗号の紹介から始めたが，暗号の歴史は非常に長く，シーザー暗号よりもさらに数世紀前の暗号も知られている．次の年表は，古代から現代までの有名な暗号や重要な出来事をまとめたものである．本書の中で言及しているものについては，掲載ページも合わせて示している．

| 年（世紀） | 暗号および暗号史上の重要な出来事 | 掲載頁 |
|---|---|---|
| 紀元前 5 世紀 | スキュタレー暗号 | |
| 紀元前 1 世紀 | シーザー暗号 | 2 ページ |
| 16 世紀 | ヴィジュネル暗号 | 44 ページ |
| 16 世紀 | 上杉謙信の暗号 | 8 ページ |
| 20 世紀前半 | エニグマ（ドイツ軍が使用した暗号機） | 54 ページ |
| 1976 年 | 公開鍵暗号の概念の登場 | 106 ページ |
| 1976 年 | ディフィー・ヘルマンの鍵共有方式 | 138 ページ |
| 1977 年 | RSA 暗号 | 106 ページ |
| 1977 年 | DES（米国国家規格による標準暗号） | |
| 1984 年 | エルガマル暗号 | 130 ページ |
| 1985 年 | 楕円曲線暗号 | 144 ページ |
| 2001 年 | AES（DES の後継の標準暗号） | 142 ページ |

　暗号の歴史は，1960 年代までと 1970 年代以降とに大きく分けられ，1960 年代までの暗号を**古典暗号**，1970 年代以降の暗号を**現代暗号**という．古典暗号に対する現代暗号の特徴としては，アルゴリズムと鍵の分離やアルゴリズムの公開が挙げられるが，暗号の利用や開発のされ方についても，民間での商用利用やオープンな場での研究・開発といった特徴がある．現代暗号の時代のものとして上に挙げた 1976 年以降の暗号（鍵共有方式含む）は，DES を除いて，すべて今でも現役で広く使われている暗号である．

　暗号の歴史は非常に長いため，とくに古典暗号については，上の年表に挙げたものはほんのごく一部に過ぎない．ここに挙げたもの以外の暗号については，たとえば，サイモン・シン著「暗号解読（上・下）」（新潮文庫）などで知ることができる．

# 第 2 章

# シーザー暗号と合同演算, 群

本章では，シーザー暗号を整数の合同
演算でとらえ直すことから始め，暗号
分野でも重要な役割を果たす $\mathbb{Z}/n\mathbb{Z}$ を
紹介する．さらに，$\mathbb{Z}/n\mathbb{Z}$ における演算
に着目することで群の概念を紹介する．

**本章での主な学習内容** ——————
合同演算，$\mathbb{Z}/n\mathbb{Z}$，群，アーベル群，
巡回群．

# 2.1　シーザー暗号と合同演算

## ■ 2.1.1　シーザー暗号を数字で表す

　シーザー暗号はアルファベットを 3 文字後ろにずらす暗号だったが，アルファベットを数字に置き換えることで暗号化と復号の手続きを数式で表すことができる．まず，アルファベット 26 文字に対して，a から順に z まで 0 から 25 までの数字を対応させる．すると，シーザー暗号の変換表は表 2.1 のようになる．

**表 2.1　数字で表したシーザー暗号の変換表**

| 変換前 | a b c d e f g h i j k l m n o p q r s t u v w x y z |
| --- | --- |
| | 0 1 2 3 4 5 6 7 8 9 10 11 12 13 14 15 16 17 18 19 20 21 22 23 24 25 |
| 変換後 | 3 4 5 6 7 8 9 10 11 12 13 14 15 16 17 18 19 20 21 22 23 24 25 0 1 2 |

　変換前と変換後の数字の関係をみると，暗号化の手続きは，変換前の数字に 3 を足して（26 以上になったら）26 で割った余りをとるという操作に対応していることがわかる．

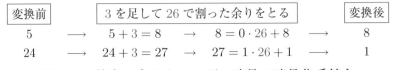

| 変換前 | 3 を足して 26 で割った余りをとる | 変換後 |
| --- | --- | --- |
| 5 | $\longrightarrow$　$5+3=8$　$\to$　$8=0\cdot 26+8$ | $\longrightarrow$　8 |
| 24 | $\longrightarrow$　$24+3=27$　$\to$　$27=1\cdot 26+1$ | $\longrightarrow$　1 |

**図 2.1　数字で表したシーザー暗号の暗号化手続き**

　このように，26 で割った余りをとることで 0 から 25 までの整数の中で閉じた演算を行うことを，**26 を法とする合同演算**とか**法 26 のもとでの合同演算**，あるいは **26 を法とするモジュラー算術**などとよぶ．

## ■ 2.1.2　整数の合同

合同演算の基礎となるのが「合同」の概念である.

---
**定義**

　$n$ を 2 以上の整数とする. 二つの整数 $a, b$ について, $a$ を $n$ で割った余りと $b$ を $n$ で割った余りが等しいとき, $a$ と $b$ は **$n$ を法として合同**であるといい, 次のように表す.

$$a \equiv b \pmod{n}$$

---

　$a \equiv b \pmod{n}$ のような式を**合同式**という. 合同式は, $n$ で割った余りが等しいという関係を簡潔に表す記法である.

**例 2.1**　$7 \equiv 11 \pmod{2}, -3 \equiv 9 \pmod{6}, 27 \equiv 1 \pmod{26}$.

定義から, 次の性質が成り立つことがすぐにわかる (問題 2.1).

$$a \equiv b \pmod{n} \Longleftrightarrow b \equiv a \pmod{n}$$

$$a \equiv b \pmod{n}, b \equiv c \pmod{n} \Longrightarrow a \equiv c \pmod{n}$$

合同の同値な条件による次の言い換えを知っておくと便利である.

---
**定理 2.1**

$$a \equiv b \pmod{n} \Longleftrightarrow a - b \text{ は } n \text{ で割り切れる.}$$

---

　定理 2.1 より, $a \equiv b \pmod{n}$ は, $a = b + kn$ ($k$ は整数) の形に表せることと同値である. 整数 $n$ が整数 $\ell$ を割り切ることを, $n \mid \ell$ という記号で表す. この記号を用いて定理 2.1 を書き直すと次のようになる.

$$a \equiv b \pmod{n} \Longleftrightarrow n \mid (a - b)$$

**証明**

  $a, b$ を $n$ で割った余りをそれぞれ $r, r'$ とおくと，$a = qn + r$，$b = q'n + r'$ $(q, q', r, r'$ は整数，$0 \leqq r < n, 0 \leqq r' < n)$ と表せる．このとき，$a - b = (q - q')n + (r - r')$ $(-n < r - r' < n)$ となる．

  $[\Rightarrow]$ $a \equiv b \pmod{n}$ ならば，$r = r'$ であるので，$a - b = (q - q')n$ となり，$a - b$ は $n$ で割り切れる．

  $[\Leftarrow]$ 逆に，$a - b$ が $n$ で割り切れるとすると，$a - b = kn$ $(k$ は整数$)$ と表せるので，$r - r' = (a - b) - (q - q')n = (k - q + q')n$ より $r - r'$ も $n$ で割り切れる．$-n < r - r' < n$ であるから $r - r' = 0$，すなわち，$r = r'$ である．

## ■ 2.1.3  合同式と足し算

次の定理は法 $n$ のもとでの足し算を考える上で重要である．

---

**定理 2.2**

  $a \equiv b \pmod{n}, c \equiv d \pmod{n} \Longrightarrow a + c \equiv b + d \pmod{n}$

---

**証明**

  条件より，$a, b, c, d$ は次のように表せる．

$$a = qn + r, \ b = q'n + r \qquad (q, q', r \text{ は整数,} \ 0 \leqq r < n)$$

$$c = sn + t, \ d = s'n + t \qquad (s, s', t \text{ は整数,} \ 0 \leqq t < n)$$

ここで，

$$a + c = (qn + r) + (sn + t) = (q + s)n + (r + t)$$

$$b + d = (q'n + r) + (s'n + t) = (q' + s')n + (r + t)$$

より，$a + c \equiv r + t \equiv b + d \pmod{n}$ が得られる．

定理 2.2 は，法 $n$ のもとでの足し算では，足し合わせる数を合同な数で置き換えても結果は変わらないことを示している．このことから，法 $n$ のもとでの足し算においては，合同な数はひとまとめにして「同じ数」として扱うことができる．

具体的な数でみてみよう．$3 \equiv 8 \pmod 5$, $4 \equiv 9 \pmod 5$ に対して，

$$3 + 4 = 7 = 1 \cdot 5 + 2$$
$$8 + 9 = 17 = 3 \cdot 5 + 2$$

より，

$$3 + 4 \equiv 8 + 9 \equiv 2 \pmod 5$$

である．3 を $-2$ や 23，4 を $-1$ や 99 で置き換えても同じである．つまり，法 5 のもとでは，

$$(3 と合同な数) + (4 と合同な数) = (2 と合同な数)$$

が成り立つ．実はこのことは，次の法則に対応している．

「5 で割ると 3 余る数」と「5 で割ると 4 余る数」を足すと
「5 で割ると 2 余る数」になる．

このように，法 5 のもとでの足し算は，整数の足し算を 5 で割った余りでみており，法 5 のもとで合同な数をひとまとめにした集合の間に成り立つ法則を表している．その意味で，法 5 のもとでの足し算では，合同な数はひとまとめにして「同じ数」とみなせる．

定理 2.2 は，一般に法 $n$ のもとでの足し算が，「$n$ で割ると○余る数」と「$n$ で割ると△余る数」を足すと「$n$ で割ると□余る数」になるという形の法則に対応することを示している．法 $n$ のもとでの足し算では合同な数はひとまとめにして「同じ数」とみなせるというのは，この意味においてである．

## ■ 2.1.4 $\mathbb{Z}/n\mathbb{Z}$

以下，$a$ を法 $n$ のもとで考えた数を $\bar{a}$ で表す．$\bar{a}$ は $n$ で割った余りが等しい数同士は同じものとみなすという記号であり，$a \equiv b \pmod n$ に

対して $\bar{a} = \bar{b}$ となる．また，$a + b \equiv c \pmod{n}$ は $\bar{a} + \bar{b} = \bar{c}$ と表される．すなわち，$\bar{a} + \bar{b} = \overline{a+b}$ である．

$n$ で割ったときの余りは，$0, 1, 2, \ldots, n-1$ のいずれかになるから，任意の整数 $a$ に対して，

$$\bar{a} = \bar{k}$$

をみたす $k = 0, 1, 2, \ldots, n-1$ がただ一つ存在する．したがって，法 $n$ のもとでの足し算では，以下の形で「数」を考えればよい．

$$\bar{0}, \bar{1}, \bar{2}, \ldots, \overline{n-1}$$

**例 2.2**  6 を法とするとき，$\overline{11} = \bar{5}$，$\overline{42} = \bar{0}$，$\overline{-4} = \bar{2}$ である．

17 を法とするとき，$\overline{100} = \overline{15}$，$\overline{-30} = \bar{4}$ である．

---

**定義**

法 $n$ のもとでの数 $\bar{0}, \bar{1}, \bar{2}, \ldots, \overline{n-1}$ の集合を $\mathbb{Z}/n\mathbb{Z}$ で表す．

$$\mathbb{Z}/n\mathbb{Z} = \left\{ \bar{0}, \bar{1}, \bar{2}, \ldots, \overline{n-1} \right\}$$

---

$\mathbb{Z}/n\mathbb{Z}$ は $\mathbb{Z}_n$ と書かれることもある．暗号を含む情報系の分野では $\mathbb{Z}_n$ が使われることが多く，また，その元を $0, 1, 2, \ldots$ と普通の数と同じように表すことが多い．なお，$\mathbb{Z}$ は整数全体を表す記号である．

法 $n$ のもとでの合同演算について，

$$a + b \equiv (a + b \text{ を } n \text{ で割った余り}) \pmod{n}$$

が成り立つから，

$$\bar{a} + \bar{b}$$

の結果を

$$\overline{a + b \text{ を } n \text{ で割った余り}}$$

と表すことで，$n$ を法としての足し算は，集合 $\mathbb{Z}/n\mathbb{Z}$ 上での加法を定める．

**例 2.3** $3+5 \equiv 8 \equiv 2 \pmod{6}$ より，6 を法とするとき，

$$\overline{3}+\overline{5} = \overline{3+5} = \overline{8} = \overline{2}$$

である．

**例 2.4** 26 を法とするとき，

$$\overline{23}+\overline{3} = \overline{26} = \overline{0},$$
$$\overline{24}+\overline{3} = \overline{27} = \overline{1},$$
$$\overline{25}+\overline{3} = \overline{28} = \overline{2}$$

である．

## 2.2 群 $\mathbb{Z}/n\mathbb{Z}$

### ■ 2.2.1 $\mathbb{Z}/n\mathbb{Z}$ と群の定義

$\mathbb{Z}/n\mathbb{Z}$ の加法は，次の性質をみたしていることがすぐにわかる．

1. 任意の $\overline{a}, \overline{b}, \overline{c} \in \mathbb{Z}/n\mathbb{Z}$ に対して，$(\overline{a}+\overline{b})+\overline{c} = \overline{a}+(\overline{b}+\overline{c})$ が成り立つ．

2. 任意の $\overline{a} \in \mathbb{Z}/n\mathbb{Z}$ に対して，$\overline{a}+\overline{0} = \overline{0}+\overline{a} = \overline{a}$ が成り立つ．

3. 任意の $\overline{a} \in \mathbb{Z}/n\mathbb{Z}$ に対して，$\overline{a}+\overline{n-a} = \overline{n-a}+\overline{a} = \overline{0}$ が成り立つ．

この性質は，$\mathbb{Z}/n\mathbb{Z}$ が数学で「群」とよばれるものになっていることを示している．群の定義を次に示そう．

---

**定義**

　集合 $G$ が次の性質をみたす二項演算（$G$ の任意の二つの元 $a, b$ に対して $a \cdot b \in G$ を対応させる規則）をもつとき，$G$ は**群**(group) であるという．

1. **結合法則**: 任意の $a, b, c \in G$ に対して，$(a \cdot b) \cdot c = a \cdot (b \cdot c)$ が成り立つ．

2. **単位元の存在**: 「$G$ の任意の元 $a$ に対して $a \cdot e = e \cdot a = a$」をみたす $G$ の元 $e$ が存在する．

3. **逆元の存在**: $G$ の任意の元 $a$ に対して，$a \cdot x = x \cdot a = e$ をみたす $G$ の元 $x$ が存在する．

性質 2 の $e$ を $G$ の**単位元**という．性質 3 の $x$ を $a$ の**逆元**といい，$a^{-1}$ で表す．

---

　　　　群の単位元はただ一つであり，逆元も各元に対してただ一つに定まる（問題 2.3）．

**例 2.5** $\mathbb{Z}/n\mathbb{Z}$ は $+$ を二項演算として群になっている．単位元は $\overline{0}$ であり，$\overline{a}$ の逆元は $\overline{n-a}$ である．

　　　二項演算の記号 $\cdot$ は通常「積（掛け算）」を表すが，群では必ずしも「積」を意味するものではなく，「$\cdot$」で表さなくてもよい．たとえば，$\mathbb{Z}/n\mathbb{Z}$ の二項演算は整数の足し算がもとになっているので，「$+$」で表される．演算の記号は群によって異なるが，「$\cdot$」で書かれる場合は「積」，「$+$」で書かれる演算は「和」としばしばよばれる．また，$a \cdot b$ を $ab$ のように「$\cdot$」を省略して書くことも多い．

　　　$G$ の元 $a$ の $k$ 個の積 $aa \cdots a$ を $a^k$ と書く．結合法則によって，どの隣り合った二つの積から計算していっても結果は同じであることに注意しよう．$\left(a^{-1}\right)^k$ を $a^{-k}$ と書き，$a^0 = e$ と定める．これらにより，整数 $k$ に対して $a^k$ が定義される．二項演算が $+$ のときは，$k$ 個の和 $a + a + \cdots + a$ を $ka$，$a$ の逆元を $-a$，$k(-a)$ を $-ka$，$a + (-b)$ を $a - b$ と書き，また，$0a = 0$ と定める．

以下，一般の群を扱うときは，とくに断らないかぎり，二項演算を「·」
で表し，単位元を $e$ で表す．

---

**定理 2.3**

　群 $G$ の任意の元 $a, b$ と任意の整数 $k, \ell$ に対して次が成り立つ．

1. $\left(a^{-1}\right)^k = \left(a^k\right)^{-1}$.

2. $a^k a^\ell = a^{k+\ell}$,　$\left(a^k\right)^\ell = a^{k\ell}$.

3. $(ab)^{-1} = b^{-1}a^{-1}$.

---

定理 2.3 の証明は演習問題とする（問題 2.4）．

　群の例は，$\mathbb{Z}/n\mathbb{Z}$ 以外にも，よく知っている集合の中にたくさんみつ
けられる．ごく簡単な例をいくつか紹介しよう．

**例 2.6**　整数全体の集合 $\mathbb{Z}$ は整数の加法 $+$ を二項演算として群にな
る．単位元は $0$，整数 $a$ の逆元は $-a$ である．

**例 2.7**　実数全体の集合 $\mathbb{R}$ も実数の加法 $+$ を二項演算として群にな
る．単位元は $0$，実数 $a$ の逆元は $-a$ である．

**例 2.8**　実数全体の集合 $\mathbb{R}$ から $0$ を除いた集合 $\mathbb{R}^* = \mathbb{R} \setminus \{0\}$ は，掛
け算を二項演算として群になる．単位元は $1$，実数 $a$ の逆元は $\frac{1}{a}$ で
ある．

　　集合 $A, B$ に対して，$A \setminus B$ は，$A$ から $B$ に含まれる元を取り去っ
　た集合を表す．すなわち，$A \setminus B = A \cap \overline{B}$ である．（ただし，$\overline{B}$ は $B$ の
　補集合を表す．）

この他にもさまざまな集合と演算の組み合わせが群の例として挙げら
れる．他の例については今後話が進むにつれて紹介していく．

## ■ 2.2.2　群表

$\mathbb{Z}/n\mathbb{Z}$ のような有限個の元からなる群では，二項演算を，二つの元の演算結果を並べた表にして表すことができる．

> ┌─ **定義** ───────────────
>
> $n$ 個の元からなる群 $G$ を $G = \{g_1, g_2, \ldots, g_n\}$ と表すとき，$g_i \cdot g_j$ の結果を上から $i$ 番目，左から $j$ 番目の要素として並べて表にしたものを $G$ の**群表**という．
>
> | | $\cdots$ | $g_j$ | $\cdots$ |
> |---|---|---|---|
> | $\vdots$ | | $\vdots$ | |
> | $g_i$ | $\cdots$ | $g_i \cdot g_j$ | $\cdots$ |
> | $\vdots$ | | $\vdots$ | |

**例 2.9**　$\mathbb{Z}/3\mathbb{Z}$（演算は $+$）の群表は次のようになる．

| | $\overline{0}$ | $\overline{1}$ | $\overline{2}$ |
|---|---|---|---|
| $\overline{0}$ | $\overline{0}$ | $\overline{1}$ | $\overline{2}$ |
| $\overline{1}$ | $\overline{1}$ | $\overline{2}$ | $\overline{0}$ |
| $\overline{2}$ | $\overline{2}$ | $\overline{0}$ | $\overline{1}$ |

## ■ 2.2.3　シフト暗号でみる群の三条件

シーザー暗号や，その一般化であるシフト暗号の暗号化や復号の手続きは，群 $\mathbb{Z}/26\mathbb{Z}$ の演算を使って表せる．実際，鍵を $k$（$k \in \{0, 1, 2, \ldots, 25\}$）とするときの暗号化関数を $E_k$，復号関数を $D_k$ とおくと，$E_k, D_k$ は $\mathbb{Z}/26\mathbb{Z}$ の演算を用いて次のように表される．

$$E_k(\overline{x}) = \overline{x} + \overline{k}$$
$$D_k(\overline{y}) = \overline{y} - \overline{k}$$

ここで，群の定義の中の三つの条件が，シフト暗号でどのような意味をもっているかをみてみよう．

シフト暗号の暗号化は $\mathbb{Z}/26\mathbb{Z}$ から $\mathbb{Z}/26\mathbb{Z}$ への関数なので，平文 $\overline{x}$ を鍵 3 を使って暗号化した後にさらに別の鍵 5 を使って暗号化する，というように暗号化を繰り返し適用できる．しかし，このような暗号化は鍵 8(=3+5) を使って暗号化することと同じである．つまり次が成り立つ．

$$(\overline{x} + \overline{3}) + \overline{5} = \overline{x} + (\overline{3} + \overline{5})$$

この式は他の鍵でも成り立つので，一般に二つの鍵 $k$ と $\ell$ に対して，

$$(\overline{x} + \overline{k}) + \overline{\ell} = \overline{x} + (\overline{k} + \overline{\ell})$$

が成り立つ．つまり，結合法則は，シフト暗号では，鍵 $k$ で暗号化した後にさらに鍵 $\ell$ で暗号化することは鍵 $k + \ell$ を用いて暗号化することと同じであるということを意味している．

群 $\mathbb{Z}/26\mathbb{Z}$ の単位元 $\overline{0}$ の性質を表す式 $\overline{x} + \overline{0} = \overline{x}$ は，シフト暗号では平文 $\overline{x}$ を 0 文字ずらしても $\overline{x}$ のまま（何もしない暗号化）であることを意味している．つまり，$\overline{0}$ は何もしない暗号化に対応する鍵である．

最後に逆元について考えよう．シフト暗号では，暗号化も復号も入力された数に対してある定数を法 26 のもとで加える操作になっている（法 26 のもとで $k$ を引くことは $26 - k$ を加える操作に等しいことに注意）．暗号化したものは復号でもとに戻らないといけない．シフト暗号では鍵 $k$ で暗号化されたものに対して，ある数 $\ell$（実際には $26 - k$）があって，$\ell$ を法 26 のもとで加えることでもとに戻る．これを式で書くと次のようになる．

$$(\overline{x} + \overline{k}) + \overline{\ell} = \overline{x}$$

この式の左辺に結合法則を適用し，また右辺を何もしない暗号化とみて $\overline{x} + \overline{0}$ と書き換えると，次の式が得られる．

$$\overline{x} + (\overline{k} + \overline{\ell}) = \overline{x} + \overline{0}$$

これは両辺で $\bar{x}$ に加えられている数が等しいことを意味している．すなわち，次の式が得られる．

$$\bar{k} + \bar{\ell} = \bar{0}$$

つまり，シフト暗号では暗号化で平文に加えられる数と復号で暗号文に加えられる数は互いに逆元の関係にある．

### ■ 2.2.4　群 $\mathbb{Z}/n\mathbb{Z}$ の特殊性（1）：アーベル群

$\mathbb{Z}/n\mathbb{Z}$ や $\mathbb{Z}$，$\mathbb{R}$，$\mathbb{R}^*$ などこれまでに紹介した群の例は，群の定義には書かれていない特別な性質をみたしている．$\mathbb{Z}/n\mathbb{Z}$ では，任意の $\bar{a}, \bar{b}$ に対して $\bar{a} + \bar{b} = \bar{b} + \bar{a}$ が成り立っているし，$\mathbb{Z}$ や $\mathbb{R}$ では $a + b = b + a$ がすべての $a, b$ に対して成り立っている．$\mathbb{R}^*$ でも $a \cdot b = b \cdot a$ がすべての $a, b$ に対して成り立っている．一般の群にはこのような性質はなく，実際にこの性質をみたさない群はたくさんある（例は後の章で紹介する）．$\mathbb{Z}/n\mathbb{Z}$ や $\mathbb{Z}$，$\mathbb{R}$，$\mathbb{R}^*$ のように二項演算の順序を変えても結果が同じであるような特別な群は**アーベル群**とよばれる．

---
**定義**

　任意の二つの元 $a, b$ に対して $a \cdot b = b \cdot a$ が成り立つ群を**アーベル群**という．

---

　　アーベル群は，ノルウェーの数学者アーベル (N. Abel) にちなんだ用語であるが，英語では「abelian group」と書かれる．数学者の名を冠した数学用語は多数あるが，人名の部分が大文字で始まらず形容詞の形にまで変形されたものは珍しい．アーベル群は**可換群**ともよばれる．アーベル群（可換群）でない群を**非可換群**という．

### ■ 2.2.5　群 $\mathbb{Z}/n\mathbb{Z}$ の特殊性（2）：巡回群

$\mathbb{Z}/n\mathbb{Z}$ はもう一つ特別な性質をもっている．$n = 6$ の場合でその性質を説明しよう．まずは次の式をみてほしい．

$$\overline{2} = \overline{1} + \overline{1}$$

$$\overline{3} = \overline{1} + \overline{1} + \overline{1}$$

$$\overline{4} = \overline{1} + \overline{1} + \overline{1} + \overline{1}$$

$$\overline{5} = \overline{1} + \overline{1} + \overline{1} + \overline{1} + \overline{1}$$

$$\overline{0} = \overline{1} + \overline{1} + \overline{1} + \overline{1} + \overline{1} + \overline{1}$$

$\mathbb{Z}/6\mathbb{Z}$ のどの元も $\overline{1}$ を何個か足し合わせることで表されている．$\mathbb{Z}/6\mathbb{Z}$ のように，ある一つの元を繰り返し演算していくことですべての元が表される群を**巡回群**という．巡回群は正確には次のように定義される．

---

**定義**

群 $G$ のすべての元 $g$ が $G$ のある一つの元 $a$ によって $g = a^n$ ($n$ は整数) と表されるとき，$G$ は**巡回群**であるといい，$G = \langle a \rangle$ と表す．$G = \langle a \rangle$ であるとき，$G$ は $a$ で**生成される**という．また，このとき $a$ を $G$ の**生成元**という．

---

一般に，$a \in G$ に対して，$\langle a \rangle$ は $a^n$ ($n$ は整数) の形で表される $G$ の元全体の集合を表す．すなわち，$\langle a \rangle = \{a^n \mid n \in \mathbb{Z}\}$．二項演算が $+$ のときは，$\langle a \rangle = \{na \mid n \in \mathbb{Z}\}$ である．

巡回群は生成元のべき乗の形で表せる元からなる群なのでアーベル群である．($a^k a^\ell = a^{k+\ell} = a^{\ell+k} = a^\ell a^k$.)

**例 2.10**  $\mathbb{Z}/6\mathbb{Z}$ は上でみたことから，$\overline{1}$ で生成される巡回群，すなわち，$\mathbb{Z}/6\mathbb{Z} = \langle \overline{1} \rangle$ であり，$\overline{1}$ は巡回群 $\mathbb{Z}/6\mathbb{Z}$ の生成元である．

**例 2.11**  $\mathbb{Z}/n\mathbb{Z}$ は $\overline{1}$ で生成される巡回群である．$\mathbb{Z}/n\mathbb{Z}$ では，単位元 $\overline{0}$ から始めて $\overline{1}$ を足し続けると，

$$\overline{0} \to \overline{1} \to \overline{2} \to \cdots \to \overline{n-1} \to \overline{n} = \overline{0}$$

となって，すべての元をたどりながらぐるっと回ってもとに戻ってくる（次ページの図 2.2）．

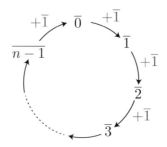

**図 2.2**    $\mathbb{Z}/n\mathbb{Z}$ はぐるっと回ってもとに戻ってくる群

$\mathbb{Z}/n\mathbb{Z}$ のように有限個の元からなる巡回群は「ぐるっと回ってもとに戻ってくる群」というイメージでとらえることができる.

その他の巡回群の例をいくつか紹介しよう.

**例 2.12**    $\mathbb{Z}$ は 1 で生成される巡回群である. $\mathbb{Z}$ は,

$$\cdots \longleftarrow -3 \xleftarrow{-1} -2 \xleftarrow{-1} -1 \xleftarrow{-1} 0 \xrightarrow{+1} 1 \xrightarrow{+1} 2 \xrightarrow{+1} 3 \longrightarrow \cdots$$

のように+1 の方向と −1 の方向に無限に伸びていく群だが, 1 という一つの元の整数倍で表されるので, 巡回群である.

**例 2.13**    2 以上の整数 $n$ に対して,

$$G = \left\{ e^{\frac{2\pi i k}{n}} \ \middle| \ k = 0, 1, 2, \ldots, n-1 \right\}$$

は複素数の掛け算を二項演算として巡回群になる（$e$ は自然対数の底, $i$ は虚数単位）. $G$ の単位元は $1 = e^0$ であり, $e^{\frac{2\pi i}{n}}$ は $G$ の生成元である.

**例 2.14**    正 $n$ 角錐は, 底面に含まれない頂点から底面に下ろした垂線を軸として, 上からみて時計回りに $\frac{360k}{n}$ 度回転させる回転変換 $(k = 0, 1, 2, \ldots, n-1)$ に対して対称性をもつ図形である（すなわち, 変換後の図形が変換前の図形にぴったり重なる）.

90°回転(時計回り) 72°回転(時計回り) 45°回転(時計回り)

**図 2.3** 正四角錐，正五角錐，正八角錐の対称性と回転変換

これらの回転変換全体のなす集合を $G_n$ とするとき，$G_n$ は回転変換の合成を二項演算として巡回群になる．$G_n$ の単位元は 0 度の回転，すなわち，何もしない恒等変換であり，$\frac{360}{n}$ 度回転する回転変換は $G_n$ の生成元である．$G_n$ において，$\frac{360}{n}$ 度回転する回転変換を $r$ とおくと，

$$G_n = \{r^k \mid k = 0, 1, 2, \ldots, n-1\} = \langle r \rangle$$

である（$r^0$ は「$r$ を 1 回も適用しない」という意味で，何もしない恒等変換を表す）．

たとえば，正四角錐を例にとって詳しくみてみよう．

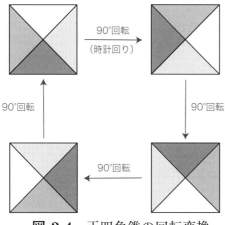

90°回転
（時計回り）

90°回転

90°回転

90°回転

**図 2.4** 正四角錐の回転変換

　　正四角錐を真上からみて，四つの側面をそれぞれ図 2.4 のように塗り分けると，$r$ を時計回りに $90°$ 回転する変換とするとき，$r^2$ は $180°$ 回転，$r^3$ は $270°$ 回転であり，$r^4$ で $360°$ 回転となってもとに戻ることになる．正四角錐を自分自身に重ねる動かし方はこれら以外にはないので，正四角錐を自分自身にうつす変換の全体は，時計回りの $90°$ 回転 $r$ を生成元とする巡回群になる．

## 演習問題

### 問題 2.1

　任意の整数 $a, b, c$ に対して，次が成り立つことを示せ．

$$a \equiv b \pmod{n},\ b \equiv c \pmod{n} \implies a \equiv c \pmod{n}$$

### 問題 2.2

　任意の整数 $a, b$ と，$m|n$ をみたす任意の整数 $m, n$ $(2 \leqq m < n)$ に対して，次が成り立つことを示せ．

$$a \equiv b \pmod{n} \implies a \equiv b \pmod{m}$$

### 問題 2.3

　次を示せ．

(1)　群 $G$ の単位元はただ一つである．

(2)　群 $G$ の元 $x$ に対して $x$ の逆元はただ一つである．

### 問題 2.4

　群 $G$ の任意の元 $a, b$ と任意の整数 $k, \ell$ に対して，$\left(a^{-1}\right)^k = \left(a^k\right)^{-1}$，$a^k a^\ell = a^{k+\ell}$，$\left(a^k\right)^\ell = a^{k\ell}$，$(ab)^{-1} = b^{-1}a^{-1}$ が成り立つことを示せ．

### 問題 2.5

　群 $\mathbb{Z}/6\mathbb{Z}$ の群表をつくれ．

問題 2.6

例 2.13 の群 $G$ について，$n = 4$ のときの群表をつくれ．

問題 2.7

例 2.14 の群 $G_n$ について，$n = 5$ のときの群表をつくれ．

問題 2.8

長方形（正方形ではないとする）に対して，図のように，上辺と底辺の中点を通る直線を軸として 180° 回転する回転変換（裏返し）を $a$，左右の辺の中点を通る直線を軸として 180° 回転する回転変換（裏返し）を $b$ とする．

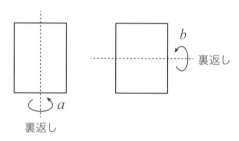

長方形はこの二つの変換 $a, b$ に対して対称な図形である．長方形の対称性を表す変換（変換後の図形が変換前の図形とぴったり重なるように動かす変換）全体のなす集合を $G$ とする．恒等変換（何も動かさずにそのまま重ねる変換）を $e$，$G$ の二項演算 $\cdot$ を変換の合成 $\circ$ で定義するとき，

$$G = \{e, a, b, a \cdot b\}$$

であることを示し，$G$ の群表をつくれ．また，$G$ はアーベル群であることを示せ．さらに，$G$ は巡回群ではないことを示せ．

---

**コラム　ケーリー・グラフ** ―――――

　群を扱う際には，群の「構造」をみることが大事になる．20 ページで紹介した群表は群の構造をみるためのツールの一つであるが，もう一つ，群の構造を視覚的にとらえる**ケーリー・グラフ (Caley graph** あるいは **Caley diagram)** というものがある．

　ケーリー・グラフとは，大雑把にいうと，群の元が二項演算で互いにどう移り合うかを矢印で表した関係図である．すべての演算結果を矢印で表すと矢印が多すぎてかえって構造が見えにくくなるが，ケーリー・グラフでは，「**生成系**」とよばれる集合（$G$ の部分集合 $S$ で，$S$ の元やその逆元を掛け合わせることで $G$ のすべての元を表すことができるもの）を用いて，生成系の元を掛けたときの移り方のみを矢印で表現する．

　ケーリー・グラフは，群 $G$ の生成系を一つとり（生成系は一通りには定まらない），$G$ の各元 $g$ を，「点」や ⓖ のように表して，生成系の元を左から掛けたときに $G$ の各元がどの元に移るかを矢印で結ぶことで描かれる．このとき，生成系の元ごとに矢印の色を変えるなどして各矢印が生成系のどの元に対応するか見分けられるようにする．また，生成系の元で $g^{-1} = g$ となるものを掛けるときは，逆向きも $g$ で移るので，矢印ではなく線分で結ぶ．

　たとえば，$\mathbb{Z}/5\mathbb{Z}$，$\mathbb{Z}$，問題 2.8 の $G = \{e, a, b, ab\}$ のケーリー・グラフは次のようになる（生成系はそれぞれ $\{\overline{1}\}$, $\{1\}$, $\{a, b\}$，問題 2.8 の $G$ のグラフでは，$a$ を赤，$b$ を黒の線分で表している）．

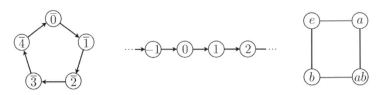

　ケーリー・グラフを使えば，任意の元同士の二項演算が矢印をたどることでわかる．たとえば，上右図で $(ab) \cdot a$ をみる場合，$ab$ を掛けることは $b, a$ の順に掛けることであるから，ⓐ から始めて黒 $(b)$，赤 $(a)$ の順に線分をたどることで結果が ⓑ となることがわかる．

# 第 3 章

## ここでちょっと群論

本章では，暗号の話は一旦お休みして，群に関する最も基本的な概念である部分群と位数を紹介するとともに，巡回群の生成元や部分群について成り立つ基本的な事実を紹介する．

**本章での主な学習内容 ──────**
部分群，位数，巡回群の性質，オイラーの関数．

# 3.1 部分群と位数

　群に関する概念はたくさんあるが，ここではまず，群を学ぶときに最初に出会うことになる部分群と位数の概念を紹介しておこう．その他の概念も今後順次紹介する．

■ **3.1.1　部分群**

―定義―――

　群 $G$ の空でない部分集合 $H$ が，群 $G$ と同じ二項演算によって群になっているとき，$H$ は $G$ の**部分群**であるという．

部分群であるかどうかの判定には次の定理が便利である．

**定理 3.1**

　$G$ を群，$H$ を空でない $G$ の部分集合とする．このとき，次の三つの条件は同値である．

1.　$H$ は $G$ の部分群である．

2.　任意の $x, y \in H$ に対して，$xy \in H$ かつ $x^{-1} \in H$ が成り立つ．

3.　任意の $x, y \in H$ に対して，$xy^{-1} \in H$ が成り立つ．

**証明**

　[**1⇒2**] $H$ が $G$ の部分群であることより，$G$ の二項演算を $H$ の元に制限したものは $H$ の演算を定めるから，任意の $x, y \in H$ に対して $xy \in H$ が成り立つ．また，任意の $x \in H$ に対して $x$ の逆元が

$H$ の中に存在するので,$x^{-1} \in H$ である.

**[2⇒3]** $x, y$ を $H$ の任意の元とする.まず $y$ に対して条件 2 の後半より $y^{-1} \in H$ となる.さらに,$x$ と $y^{-1}$ に対して条件 2 の前半を適用すれば,$x(y^{-1}) \in H$,すなわち,$xy^{-1} \in H$ となる.

**[3⇒1]** $y = x$ となる場合に条件 3 を適用すれば,$xx^{-1}(= e) \in H$ より,$e \in H$ となる.さらに,$x = e$ となる場合に条件 3 を適用すれば,$ey^{-1}(= y^{-1}) \in H$ より,$H$ の任意の元 $y$ に対して $y^{-1} \in H$ となる.$H$ の任意の元 $x, y$ に対して,$y^{-1} \in H$ であることから $x, y^{-1}$ に条件 3 を適用すれば,$x(y^{-1})^{-1}(= xy) \in H$ より,$xy \in H$ となる.これより,$G$ の二項演算を $H$ の元に制限したものは $H$ の二項演算を定める.$G$ の二項演算と同じであるから,$H$ の元に対して結合法則が成り立つのは明らかである.よって,$H$ は $G$ の二項演算で群になっている.

---

　群 $G$ に対して,単位元のみからなる部分集合 $\{e\}$ と $G$ そのものは,どちらも部分群の定義をみたす.これらは**自明な部分群**とよばれる.自明な部分群以外の部分群は**非自明な部分群**とよばれる.

**例 3.1**　$G = \mathbb{Z}/6\mathbb{Z}$ に対して,$H = \{\overline{0}, \overline{2}, \overline{4}\}$ とすると,$H$ は $G$ の部分群である.実際,$\overline{2} + \overline{2} = \overline{4}, \overline{4} + \overline{4} = \overline{2}, \overline{2} + \overline{4} = \overline{0}, \overline{4} + \overline{2} = \overline{0}$ であり,$-\overline{2} = \overline{4}, -\overline{4} = \overline{2}$ である.

**例 3.2**　$G = \mathbb{Z}$ に対して,$H = \{2n \mid n$ は整数$\}$ とすると,$H$ は $G$ の部分群である.

**例 3.3**　$G = \mathbb{R}^*$(19 ページの例 2.8)に対して,$H = \{1, -1\}$ とすると,$H$ は $G$ の部分群である.

**例 3.4**　群 $G$ の元 $a$ に対して,$\langle a \rangle = \{a^n \mid n$ は整数$\}$ は $G$ の部分群である.

## ■ 3.1.2   位数

「位数」の概念には，群の位数と元の位数の 2 種類がある．

---
**定義**

　群 $G$ に含まれる元の個数を $G$ の**位数**といい，$|G|$ で表す．$G$ が無限個の元を含むとき，$|G| = \infty$ と表し，$G$ の位数は無限大であるという．位数が有限の群を**有限群**，位数が無限大の群を**無限群**という．

---

---
**定義**

　群 $G$ の単位元を $e$ とする．$G$ の元 $a$ に対して，$a^n = e$ となる最小の正の整数 $n$ が存在するとき，$n$ を $a$ の**位数 (order)** といい，$\operatorname{ord} a = n$ と表す．$a^n = e$ となる正の整数 $n$ が存在しないとき，$a$ の位数は無限大であるといい，$\operatorname{ord} a = \infty$ と表す．

---

　　単位元が 0 で二項演算が + のときは，$na = 0$ となる最小の正の整数が $a$ の位数であり，$na = 0$ となる正の整数が存在しない場合，$\operatorname{ord} a = \infty$ である．

**例 3.5**　$\mathbb{Z}/6\mathbb{Z}$ の位数は 6 である．元の位数はそれぞれ，$\operatorname{ord} \overline{0} = 1$, $\operatorname{ord} \overline{1} = 6$, $\operatorname{ord} \overline{2} = 3$, $\operatorname{ord} \overline{3} = 2$, $\operatorname{ord} \overline{4} = 3$, $\operatorname{ord} \overline{5} = 6$ である．

**例 3.6**　$\mathbb{Z}$ の位数は無限大である．また，$\mathbb{Z}$ の 0 以外のすべての元の位数も無限大である．

**例 3.7**　$\mathbb{R}^*$ の位数は無限大である．$\operatorname{ord} 1 = 1$, $\operatorname{ord}(-1) = 2$ であるが，その他の元の位数は無限大である．

**例 3.8**　任意の群 $G$ において，$G$ の単位元 $e$ の位数は 1 である．すなわち，$\operatorname{ord} e = 1$ である．

---

**定理 3.2**

有限群 $G$ の元 $a$ について，$\operatorname{ord} a = |\langle a \rangle|$ である．とくに，$\operatorname{ord} a \leqq |G|$ が成り立つ．

---

**証明**

$\operatorname{ord} a = n$ とする．任意の $a^k \in \langle a \rangle$ に対して，$k$ を $n$ で割った商を $q$，余りを $r$ とすると，$k = qn + r\ (0 \leqq r < n)$ である．

$$a^k = a^{qn+r} = (a^n)^q a^r = e^q a^r = a^r \in \{a^i \mid i = 0, 1, \dots, n-1\}$$

より，$\langle a \rangle = \{a^i \mid i = 0, 1, \dots, n-1\}$ である．$0 \leqq i < j < n$ に対して $a^i = a^j$ とすると，$0 < j - i < n$ かつ $a^{j-i} = e$ となって $\operatorname{ord} a = n$ に矛盾するので，$a^i\ (i = 0, 1, \dots, n-1)$ は互いに異なる元である．よって，$|\langle a \rangle| = n = \operatorname{ord} a$ である．

$\langle a \rangle \subset G$ より $|\langle a \rangle| \leqq |G|$ であるから，$\operatorname{ord} a = |\langle a \rangle| \leqq |G|$ となる．

---

位数の定義から，$a^n = e$ となる正の整数 $n$ と $\operatorname{ord} a$ には $\operatorname{ord} a \leqq n$ という関係があるが，実は，さらに次の関係が成り立つ．

---

**定理 3.3**

群 $G$ の元 $a$ と正の整数 $n$ について，$a^n = e$ であるとする．このとき，$n$ は $\operatorname{ord} a$ の倍数である．

---

**証明**

条件から $\operatorname{ord} a \leqq n$ である．$\operatorname{ord} a = m$ とおく．$n$ を $m$ で割った商を $q$，余りを $r$ とすると，$n = qm + r\ (0 \leqq r < m)$ より，

$$a^r = a^{n-qm} = a^n (a^m)^{-q} = e \cdot e^{-q} = e$$

である．ここで，$0 \leqq r < m$ であるが，位数の定義より $m$ が $a^m = e$ となる最小の正の整数であるから，$r = 0$ でなければならない．よって，$n$ は $m$ で割り切れる．すなわち，$n$ は $m$ の倍数である．

群の位数と元の位数の関係については，もっと強いことがいえるが，これについては，第7章で述べる．

# 3.2　位数と部分群からみる巡回群の性質

第2章で学んだ巡回群は，もっとも構造が単純な群である．ここでは，巡回群のもつ性質を少し詳しくみてみよう．

## ■ 3.2.1　巡回群の元の位数と生成元

まずは，巡回群となるための必要十分条件からはじめよう．

---

**定理 3.4**

　有限群 $G$ が巡回群であるための必要十分条件は，$G$ が位数 $|G|$ の元をもつことである．

---

**証明**

$$G = \langle a \rangle \iff |G| = |\langle a \rangle| \overset{\text{定理 3.2}}{\iff} |G| = \operatorname{ord} a$$

より明らかである．

---

定理 3.4 の証明からすぐに次のことがわかる．

---

**定理 3.5**

位数 $n$ の巡回群 $G$ の元 $g$ が $G$ の生成元であるための必要十分条件は，$\operatorname{ord} g = n$ となることである．

---

**例 3.9** 位数 6 の巡回群 $\mathbb{Z}/6\mathbb{Z} = \{\overline{0}, \overline{1}, \overline{2}, \overline{3}, \overline{4}, \overline{5}\}$ の各元の位数は次のようになっていた（例 3.5）．

$$\operatorname{ord} \overline{0} = 1, \ \operatorname{ord} \overline{1} = \operatorname{ord} \overline{5} = 6, \ \operatorname{ord} \overline{2} = \operatorname{ord} \overline{4} = 3, \ \operatorname{ord} \overline{3} = 2$$

$\overline{1}, \overline{5}$ の位数は 6 であるから，定理 3.5 より，どちらも $\mathbb{Z}/6\mathbb{Z}$ の生成元となる．つまり，$\mathbb{Z}/6\mathbb{Z} = \langle \overline{1} \rangle = \langle \overline{5} \rangle$ である．この例からもわかるように，巡回群の生成元はただ一つではない．

例 3.9 で，各元の位数と $\mathbb{Z}/6\mathbb{Z}$ の位数との関係に着目してみると，各元の位数は $\mathbb{Z}/6\mathbb{Z}$ の位数 6 の約数になっている．

もう一つ，$\mathbb{Z}/4\mathbb{Z}$ でも調べてみよう．$\mathbb{Z}/4\mathbb{Z}$ の元について，位数を調べると次のようになる．

$$\operatorname{ord} \overline{0} = 1$$
$$\operatorname{ord} \overline{1} = 4$$
$$\operatorname{ord} \overline{2} = 2 \quad (\overline{2} + \overline{2} = \overline{0})$$
$$\operatorname{ord} \overline{3} = 4 \quad (\overline{3} + \overline{3} = \overline{2}, \ \overline{3} + \overline{3} + \overline{3} = \overline{1}, \ \overline{3} + \overline{3} + \overline{3} + \overline{3} = \overline{0})$$

やはり，$\mathbb{Z}/4\mathbb{Z}$ でも各元の位数は群 $\mathbb{Z}/4\mathbb{Z}$ の位数 4 の約数になっている．実は，有限巡回群の元の位数について，一般に次の定理が成り立つ．

---

**定理 3.6**

$G$ を位数 $n$ の巡回群とし，$g$ をその生成元とする．このとき，

$$\operatorname{ord} g^k = \frac{n}{\gcd(n,k)} \qquad (k = 0, 1, 2, \ldots, n-1)$$

が成り立つ．とくに，$g^k$ の位数は $G$ の位数の約数である．

---

$\gcd(n, k)$ は $n$ と $k$ の最大公約数を表す．

---

**証明**

$k = 0$ のときは，$g^0 = e$，$\gcd(n, 0) = n$ より明らかなので，$k = 1, 2, \ldots, n-1$ に対して示す．以下，$k \geqq 1$ とする．

$\gcd(n, k) = d$ とおくと，$n = n'd, k = k'd$（$n', k'$ は互いに素な正の整数）と表せる．ここで，定理 3.5 より，$g^n = e$ に注意すると，

$$(g^k)^{n'} = g^{kn'} = g^{(k'd)n'} = g^{k'(dn')} = g^{k'n} = (g^n)^{k'} = e^{k'} = e$$

であるから，定理 3.3 より，$n'$ は $\operatorname{ord} g^k$ の倍数である．

一方，$\operatorname{ord} g^k = m$ とおくと，$g^{km} = e$ と定理 3.3 より，$km$ は $n(= \operatorname{ord} g)$ で割り切れるので，$km = nh$（$h$ は整数）と表せる．$k = k'd, n = n'd$ より，$km = nh$ の両辺を $d$ で割ると，$k'm = n'h$ が得られる．よって，$k'm$ は $n'$ で割り切れるが，$k'$ と $n'$ は互いに素であるから，$m$ が $n'$ で割り切れる．ゆえに，$\operatorname{ord} g^k$ は $n'$ の倍数である．

よって，$\operatorname{ord} g^k | n'$ かつ $n' | \operatorname{ord} g^k$ より，$\operatorname{ord} g^k = n' \left( = \dfrac{n}{\gcd(n,k)} \right)$ である．

---

元の位数が群の位数の約数になるという性質は一般の有限群に対しても成り立つ．このことは第7章で示す（87 ページの定理 7.3）．

定理 3.6 の系として，次の定理が得られる．

### 定理 3.7

巡回群 $G = \langle g \rangle$ の元 $g^k$ が $G$ の生成元であるための必要十分条件は, $\gcd(k, |G|) = 1$ となることである.

---

**証明**

$$g^k が G の生成元 \iff \operatorname{ord} g^k = |G| \qquad (定理 3.5 より)$$

$$\iff \frac{|G|}{\gcd(k, |G|)} = |G| \qquad (定理 3.6 より)$$

$$\iff \gcd(k, |G|) = 1$$

---

定理 3.7 を $G = \mathbb{Z}/n\mathbb{Z} = \langle \overline{1} \rangle$ に当てはめると, この群では $g^k$ は $kg$ ($g$ の $k$ 個の和) と表せること, および, $\overline{k} \in \mathbb{Z}/n\mathbb{Z}$ は $\overline{k} = k \cdot \overline{1}$ と表せることより, 次が得られる.

$$\overline{k} が \mathbb{Z}/n\mathbb{Z} の生成元 \iff \gcd(k, n) = 1$$

定理 3.7 から, 位数 $n$ の有限巡回群の生成元の個数は, $\gcd(k, n) = 1$ をみたす整数 $k$ $(1 \leqq k \leqq n)$ の個数と一致する. $n$ と互いに素な $1$ 以上 $n$ 以下の整数の個数は, しばしば重要になる.

### 定義

正の整数 $n$ に対して, $1 \leqq k \leqq n$ かつ $\gcd(k, n) = 1$ をみたす整数 $k$ の個数を与える関数を $\varphi(n)$ で表し, **オイラーの関数**という.

**例 3.10** $\varphi(12)$ を求めてみよう.

$$\{k \mid k = 1, 2, \ldots, 12 \text{ かつ } \gcd(k, 12) = 1\} = \{1, 5, 7, 11\}$$

であるから, $\varphi(12) = 4$ である.

**例 3.11**　$\varphi(7)$ を求めてみよう.

$$\{k \mid k = 1, 2, \ldots, 7 \text{ かつ } \gcd(k, 7) = 1\} = \{1, 2, 3, 4, 5, 6\}$$

であるから, $\varphi(7) = 6$ である.

---

**定理 3.8**

$G = \langle g \rangle$ を位数 $n$ の巡回群とする. このとき, 次が成り立つ.

1. $n$ の約数 $d$ に対して, $G$ の位数 $d$ の元の個数は $\varphi(d)$ である.

2. $|G| = \displaystyle\sum_{d \mid n} \varphi(d)$.

---

$\displaystyle\sum_{d \mid n}$ は, $n$ のすべての約数 $d$ について和をとることを意味する.

---

**証明**

　まず 1 を示す. $n$ の約数 $d$ に対して, $g^{\frac{n}{d}}$ の位数は $d$ である. 以下, $n' = \frac{n}{d}$ とおく. $g^j$ $(1 \leqq j \leqq n)$ を位数 $d$ の元とする. $\left(g^j\right)^d = e$ より, $g^{jd} = e$ であるから, 定理 3.3 より, $n \mid jd$ である. ここで $n = n'd$ であるから $n'd \mid jd$ となり, $n' \mid j$ が得られる. よって, $j = kn'$ $(1 \leqq k \leqq d)$ と表せるので, $g^j = (g^{n'})^k \in \langle g^{n'} \rangle$ である. すなわち, $G$ の位数 $d$ の元は $\langle g^{n'} \rangle$ に含まれる. $|\langle g^{n'} \rangle| = d$ より, 定理 3.7 を巡回群 $\langle g^{n'} \rangle$ に対して適用すると, $(g^{n'})^k$ の位数が $d$ であるための必要十分条件は $\gcd(k, d) = 1$ である. したがって, $G$ の元が位数 $d$ であるための必要十分条件は, $(g^{n'})^k$ $(1 \leqq k \leqq d$ かつ $\gcd(k, d) = 1)$ と表せることである. よって, 位数 $d$ の元の個数は $\varphi(d)$ である.

　次に 2 を示す. $n$ の約数 $d$ に対して, $G$ の位数 $d$ の元全体の集合を $G_d$ とおく. 定理 3.6 より $G$ の元の位数は $n$ の約数であるから, $G$ の元はいずれかの $G_d$ に含まれる. よって,

$$G = \bigcup_{d|n} G_d$$

である．ただし，$\displaystyle\bigcup_{d|n} G_d$ は，$n$ のすべての約数 $d$ について $G_d$ の
和集合をとることを表す．$G_d$ に含まれる元の総数を $|G_d|$ で表す
と，1 で示したことより $|G_d| = \varphi(d)$ であり，また，$d \neq d'$ ならば
$G_d \cap G_{d'} = \varnothing$ であるので，

$$|G| = \left| \bigcup_{d|n} G_d \right| = \sum_{d|n} |G_d| = \sum_{d|n} \varphi(d)$$

が得られる．

---

$\varnothing$ は空集合を表す記号である．

定理 3.8 の 2 は，一般の正の整数 $n$ に対して次が成り立つことを示し
ている．

---

**定理 3.9**

正の整数 $n$ に対して，$\displaystyle n = \sum_{d|n} \varphi(d)$ が成り立つ．

---

**証明**

　正の整数 $n$ に対して位数 $n$ の巡回群を考えれば，定理 3.8 より明
らかである．

---

　定理 3.9 は，$n$ の約数 $d$ に対して，$\gcd(k, n) = \frac{n}{d}$ となる整数
$k \in \{1, 2, \ldots, n\}$ の個数を数えることでも証明できる．

定理 3.9 はオイラーの関数の重要な性質の一つであり，第 9 章でも用
いられる．

## ■ 3.2.2　巡回群の部分群

> ### 定理 3.10
> 巡回群の部分群は巡回群である.

**証明**

$H$ を巡回群 $G = \langle g \rangle$ の部分群とする. $H = \{e\}$ や $H = G$ のとき は明らかなので, $H$ が非自明な部分群の場合について示す.

$H \neq \{e\}$ より, $H$ は $g^k$ $(k \neq 0)$ の形の元を含む. このような元 のうちで $k$ の絶対値が最小のものをとって, それを $g^m$ とする. $H$ が部分群であることより, $g^m \in H$ ならば $g^{-m} \in H$ であるから, $m > 0$ としてよい. このとき, $H = \langle g^m \rangle$ を示す.

$g^m \in H$ から $\langle g^m \rangle \subset H$ は明らかなので, $H \subset \langle g^m \rangle$ を示せばよ い. $g^k$ を $H$ の任意の元とする. $k$ を $m$ で割った商を $q$, 余りを $r$ とすると, $k = qm + r$ $(0 \leq r < m)$ と表せる. ここで, $g^k, g^m \in H$ より,

$$g^r = g^{k-qm} = g^k \cdot (g^m)^{-q} \in H$$

であるが, $r > 0$ ならば $m$ の最小性に矛盾するので, $r = 0$ であ る. したがって, $k = qm$ となり $g^k = (g^m)^q \in H$ となる. 任意の $H$ の元 $g^k$ に対してこれが成り立つので, $H \subset \langle g^m \rangle$ である. よっ て, $H = \langle g^m \rangle$ となるので, $H$ は $g^m$ で生成される巡回群である.

　　$\{e\} = \langle e \rangle$ と表せるので, $\{e\}$ は巡回群である.

**例 3.12**　$G = \mathbb{Z}/10\mathbb{Z}$ の部分群は, $\langle \overline{0} \rangle (= \{\overline{0}\}), \langle \overline{2} \rangle, \langle \overline{5} \rangle, \langle \overline{1} \rangle (= G)$ の 4 個である.

**例 3.13**　2 以上の整数 $n$ に対して，$G = \mathbb{Z}/n\mathbb{Z}$ の部分群は，$\langle \overline{m} \rangle$（$m$ は $n$ の約数）と表せる.

**例 3.14**　$G = \mathbb{Z}$ の部分群は，$\langle m \rangle$（$m$ は整数）と表せる. $\langle m \rangle$ は $m$ の倍数全体の集合 $\{km \mid k \in \mathbb{Z}\}$ と一致する. とくに，$m = 0$ のとき，$\langle 0 \rangle = \{0\}$ であり，$m = 1$ のとき，$\langle 1 \rangle = \mathbb{Z}$ である. また，$\langle -m \rangle = \langle m \rangle$ である.

**演習問題**

問題 3.1

$\mathbb{Z}/5\mathbb{Z}$ のすべての元の位数を求めよ. また，この群の生成元となる元をすべて求めよ. さらに，この群の部分群をすべて求めよ.

問題 3.2

$\mathbb{Z}/12\mathbb{Z}$ のすべての元の位数を求めよ. また，この群の生成元となる元をすべて求めよ. さらに，この群の部分群をすべて求めよ.

問題 3.3

$p$ を素数とするとき，$\mathbb{Z}/p\mathbb{Z}$ のすべての元の位数を求めよ. また，この群の生成元となる元をすべて求めよ. さらに，この群の部分群をすべて求めよ.

問題 3.4

$G = \langle g \rangle$ を位数 15 の巡回群とする. $G$ の生成元をすべて求めよ. また，$G$ の部分群をすべて求めよ.

問題 3.5

$G = \langle g \rangle$ を位数 17 の巡回群とする. $G$ の生成元をすべて求めよ. また，$G$ の部分群をすべて求めよ.

問題 3.6

$G = \langle g \rangle$ を位数 20 の巡回群とする．$G$ の生成元をすべて求めよ．また，$G$ の部分群をすべて求めよ．

問題 3.7

$G$ を問題 2.8(27 ページ) の群 $G = \{e, a, b, ab\}$ とする．$G$ の部分群をすべて求めよ．

問題 3.8

有理数全体の集合 $\mathbb{Q}$ は，足し算 + を二項演算として群となり，$\mathbb{Z}$ を部分群として含む．また，$\mathbb{R}$（二項演算は +）は $\mathbb{Z}$ と $\mathbb{Q}$ を部分群に含む．以下の問いに答えよ．

(1)  $\mathbb{Z} \subsetneq H \subsetneq \mathbb{Q}$ であるような $\mathbb{Q}$ の部分群 $H$ の例を一つ挙げよ．

(2)  $\mathbb{Q} \subsetneq H \subsetneq \mathbb{R}$ であるような $\mathbb{R}$ の部分群 $H$ の例を一つ挙げよ．

# 第 4 章

# ヴィジュネル暗号と群の直積

本章では，ヴィジュネル暗号という中世の暗号の紹介から始め，ヴィジュネル暗号を $\mathbb{Z}/n\mathbb{Z}$ の直積でとらえることを通して，群の直積の概念を紹介する．

**本章での主な学習内容** ————
群の直積，巡回群の直積の性質．

# 4.1　ヴィジュネル暗号

シーザーの時代から1600年ほどたった頃，**ヴィジュネル暗号**とよばれるシフト暗号の改良方式が考案された．シーザー暗号やその変種であるシフト暗号は，平文のすべてのアルファベットを一律に同じ文字数だけずらすものだったが，ヴィジュネル暗号では，ずらす文字数のパターンを複数用意し，これらのパターンを順に回していくことで1文字ごとにずらす文字数を変更する．具体的には，図4.1のような表を使う．この表の2行目以下の一つ一つの行がシフト暗号の鍵一つ分に対応する．

|   | a b c d e f g h i j k l m n o p q r s t u v w x y z |
|---|---|
| A | a b c d e f g h i j k l m n o p q r s t u v w x y z |
| B | b c d e f g h i j k l m n o p q r s t u v w x y z a |
| C | c d e f g h i j k l m n o p q r s t u v w x y z a b |
| ⋮ | ⋮ |
| F | f g h i j k l m n o p q r s t u v w x y z a b c d e |
| ⋮ | ⋮ |
| P | p q r s t u v w x y z a b c d e f g h i j k l m n o |
| ⋮ | ⋮ |
| Y | y z a b c d e f g h i j k l m n o p q r s t u v w x |
| Z | z a b c d e f g h i j k l m n o p q r s t u v w x y |

**図 4.1**　ヴィジュネル暗号の変換表（ヴィジュネル方陣）

ヴィジュネル暗号では，この鍵をいくつか組にして使っていく．たとえば5個のパターンで回していく場合，FBYPCのように鍵の回し方を決め，平文を5文字ごとのブロックに区切り，各ブロックごとに1文字めは5文字，2文字めは1文字，3文字めは24文字，4文字めは15文字，5文字めは2文字ずらすというように使っていく．

シフト暗号と同様にアルファベット 26 文字の集合を $\mathbb{Z}/26\mathbb{Z}$ に対応させて，暗号の定義（6 ページ）にしたがってヴィジュネル暗号を記述しよう．組にして用いるシフト暗号の鍵の個数を $n$ とおくと，ヴィジュネル暗号の平文，暗号文，鍵はすべて $n$ 個のアルファベットからなる文字列となるから，

$$\mathcal{P} = \mathcal{C} = \mathcal{K} = (\mathbb{Z}/26\mathbb{Z})^n$$

と表される．ここで，$(\mathbb{Z}/26\mathbb{Z})^n$ は，$\mathbb{Z}/26\mathbb{Z}$ の $n$ 個の直積である．

$\boldsymbol{x} = (\overline{x}_1, \overline{x}_2, \ldots, \overline{x}_n) \in \mathcal{P}$, $\boldsymbol{k} = (\overline{k}_1, \overline{k}_2, \ldots, \overline{k}_n) \in \mathcal{K}$ に対して，$\boldsymbol{y} = (\overline{y}_1, \overline{y}_2, \ldots, \overline{y}_n) \in \mathcal{C}$ を $\boldsymbol{x}$ の $\boldsymbol{k}$ による暗号化とすると，

$$\overline{y}_i = \overline{x}_i + \overline{k}_i \qquad (i = 1, 2, \ldots, n)$$

である．これを

$$(\overline{y}_1, \overline{y}_2, \ldots, \overline{y}_n) = (\overline{x}_1, \overline{x}_2, \ldots, \overline{x}_n) + (\overline{k}_1, \overline{k}_2, \ldots, \overline{k}_n)$$

とベクトルの和の形で書くことにすると，$\mathcal{E}$, $\mathcal{D}$ は次のようになる．

$$\mathcal{E} = \{ E_{\boldsymbol{k}} \,|\, E_{\boldsymbol{k}} は E_{\boldsymbol{k}}(\boldsymbol{x}) = \boldsymbol{x} + \boldsymbol{k} \text{ が定める関数} \}$$

$$\mathcal{D} = \{ D_{\boldsymbol{k}} \,|\, D_{\boldsymbol{k}} は D_{\boldsymbol{k}}(\boldsymbol{y}) = \boldsymbol{y} - \boldsymbol{k} \text{ が定める関数} \}$$

# 4.2 群の直積

上で導入した $(\mathbb{Z}/26\mathbb{Z})^n$ のベクトルの和

$$(\overline{y}_1, \overline{y}_2, \ldots, \overline{y}_n) = (\overline{x}_1, \overline{x}_2, \ldots, \overline{x}_n) + (\overline{k}_1, \overline{k}_2, \ldots, \overline{k}_n)$$

は，各成分ごとでの群 $\mathbb{Z}/26\mathbb{Z}$ の演算を用いて，$(\mathbb{Z}/26\mathbb{Z})^n$ のベクトル同士の演算を定めているが，実は，このベクトル同士の演算によって，$(\mathbb{Z}/26\mathbb{Z})$ の $n$ 個の直積である $(\mathbb{Z}/26\mathbb{Z})^n$ は群になっている．

**例 4.1**　$\boldsymbol{a} = (\overline{a}_1, \overline{a}_2, \ldots, \overline{a}_n), \boldsymbol{b} = (\overline{b}_1, \overline{b}_2, \ldots, \overline{b}_n) \in (\mathbb{Z}/26\mathbb{Z})^n$ に対して，$(\mathbb{Z}/26\mathbb{Z})^n$ の二項演算 $\boldsymbol{a} + \boldsymbol{b}$ を次のように定める.

$$\boldsymbol{a} + \boldsymbol{b} = (\overline{c}_1, \overline{c}_2, \ldots, \overline{c}_n) \quad (\text{ただし，} \overline{c}_i = \overline{a}_i + \overline{b}_i)$$

このとき，$(\mathbb{Z}/26\mathbb{Z})^n$ はこの演算で群になる．単位元は $(\overline{0}, \overline{0}, \ldots, \overline{0})$ であり，$\boldsymbol{a} = (\overline{a}_1, \overline{a}_2, \ldots, \overline{a}_n)$ の逆元は $-\boldsymbol{a} = (-\overline{a}_1, -\overline{a}_2, \ldots, -\overline{a}_n)$ である.

一般に，$n$ 個の群 $G_1, G_2, \ldots, G_n$ に対して，これらの集合としての直積 $G_1 \times G_2 \times \cdots \times G_n$ に群構造を定めることができる.

---

**定理 4.1**

$G_1, G_2, \ldots, G_n$ を群として，これらの二項演算を $\cdot$ で表す.

$$G_1 \times G_2 \times \cdots \times G_n = \{(g_1, g_2, \ldots, g_n) \mid g_i \in G_i \ (i = 1, 2, \ldots, n)\}$$

の二項演算を

$$(g_1, g_2, \ldots, g_n) \cdot (g'_1, g'_2, \ldots, g'_n) = (g_1 \cdot g'_1, g_2 \cdot g'_2, \ldots, g_n \cdot g'_n)$$

で定めると，$G_1 \times G_2 \times \cdots \times G_n$ はこの演算で群になる.

---

**証明**

$\boldsymbol{g} = (g_1, g_2, \ldots, g_n), \boldsymbol{g'} = (g'_1, g'_2, \ldots, g'_n), \boldsymbol{g''} = (g''_1, g''_2, \ldots, g''_n)$ を $G_1 \times G_2 \times \cdots \times G_n$ の任意の元とする．任意の $i = 1, 2, \ldots, n$ に対して，各 $G_i$ で結合法則が成り立つことより，

$$(\boldsymbol{g} \cdot \boldsymbol{g'}) \cdot \boldsymbol{g''} \text{ の第 } i \text{ 成分} = (g_i \cdot g'_i) \cdot g''_i$$
$$= g_i \cdot (g'_i \cdot g''_i)$$
$$= \boldsymbol{g} \cdot (\boldsymbol{g'} \cdot \boldsymbol{g''}) \text{ の第 } i \text{ 成分}$$

であるから，結合法則が成り立つ.

$e = (e_1, e_2, \ldots, e_n)$ ($e_i$ は $G_i$ の単位元) とおくと，任意の $\boldsymbol{g} = (g_1, g_2, \ldots, g_n)$ に対して，

$$\boldsymbol{g} \cdot \boldsymbol{e} = (g_1 \cdot e_1, g_2 \cdot e_2, \ldots, g_n \cdot e_n) = (g_1, g_2, \ldots, g_n) = \boldsymbol{g}$$

である．$\boldsymbol{e} \cdot \boldsymbol{g} = \boldsymbol{g}$ も同様にして示されるので，$\boldsymbol{e}$ が $G_1 \times G_2 \times \cdots \times G_n$ の単位元となる．

任意の $\boldsymbol{g} = (g_1, g_2, \ldots, g_n)$ に対して，$\boldsymbol{g}^{-1} = (g_1^{-1}, g_2^{-1}, \ldots, g_n^{-1})$ とおくと，次が得られる．

$$\boldsymbol{g} \cdot \boldsymbol{g}^{-1} = (g_1 \cdot g_1^{-1}, g_2 \cdot g_2^{-1}, \ldots, g_n \cdot g_n^{-1}) = (e_1, e_2, \ldots, e_n) = \boldsymbol{e}$$

$\boldsymbol{g}^{-1} \cdot \boldsymbol{g} = \boldsymbol{e}$ も同様にして示されるので，$\boldsymbol{g}^{-1}$ は $\boldsymbol{g}$ の逆元である．

以上より，群の定義の三つの条件（18 ページ）をみたすので，$G_1 \times G_2 \times \cdots \times G_n$ は群である．

---

群の直積で得られる群の構造について，いくつかの定理を紹介しよう．

---

**定理 4.2**

群の直積 $G_1 \times G_2 \times \cdots \times G_n$ がアーベル群となるための必要十分条件は，$G_1, G_2, \ldots, G_n$ がアーベル群であることである．

---

**証明**

$\boldsymbol{g} = (g_1, g_2, \ldots, g_n), \boldsymbol{g}' = (g_1', g_2', \ldots, g_n') \in G_1 \times G_2 \times \cdots \times G_n$ に対して，

$\boldsymbol{g} \cdot \boldsymbol{g}' = \boldsymbol{g}' \cdot \boldsymbol{g}$

$\Longleftrightarrow (g_1, g_2, \ldots, g_n) \cdot (g_1', g_2', \ldots, g_n')$

$\qquad = (g_1', g_2', \ldots, g_n') \cdot (g_1, g_2, \ldots, g_n)$

$\Longleftrightarrow (g_1 \cdot g_1', g_2 \cdot g_2', \ldots, g_n \cdot g_n') = (g_1' \cdot g_1, g_2' \cdot g_2, \ldots, g_n' \cdot g_n)$

$\Longleftrightarrow g_i \cdot g_i' = g_i' \cdot g_i \quad (i = 1, 2, \ldots, n)$

であるから，任意の $\boldsymbol{g}, \boldsymbol{g}' \in G_1 \times G_2 \times \cdots \times G_n$ に対して $\boldsymbol{g} \cdot \boldsymbol{g}' = \boldsymbol{g}' \cdot \boldsymbol{g}$ が成り立つための必要十分条件は，$G_1, G_2, \ldots, G_n$ がアーベル群であることである．

群の直積の位数について次が成り立つ．

---

**定理 4.3**

有限群 $G_1, G_2, \ldots, G_n$ の直積について以下が成り立つ．

1. $|G_1 \times G_2 \times \cdots \times G_n| = |G_1| \times |G_2| \times \cdots \times |G_n|$

2. $(g_1, g_2, \ldots, g_n) \in G_1 \times G_2 \times \cdots \times G_n$ の位数は $\mathrm{ord}\, g_1$, $\mathrm{ord}\, g_2$, $\ldots$, $\mathrm{ord}\, g_n$ の最小公倍数である．すなわち，

$$\mathrm{ord}(g_1, g_2, \ldots, g_n) = \mathrm{lcm}(\mathrm{ord}\, g_1, \mathrm{ord}\, g_2, \ldots, \mathrm{ord}\, g_n)$$

である．

---

　　正の整数 $n_1, n_2, \ldots, n_k$ に対して，$\mathrm{lcm}(n_1, n_2, \ldots, n_k)$ は $n_1, n_2, \ldots, n_k$ の最小公倍数を表す．

---

**証明**

　1 は直積の定義から明らかである．2 を示す．

$$(g_1, g_2, \ldots, g_n)^k = (g_1^k, g_2^k, \ldots, g_n^k)$$

であるから，定理 3.3 より，$(g_1, g_2, \ldots, g_n)^k = (e_1, e_2, \ldots, e_n)$ となるための $k$ の必要十分条件は，すべての $i = 1, 2, \ldots, n$ に対して $k$ が $\mathrm{ord}\, g_i$ の倍数となることである．よって，$(g_1, g_2, \ldots, g_n)^k = (e_1, e_2, \ldots, e_n)$ となる最小の $k$ は $\mathrm{ord}\, g_i$ $(i = 1, 2, \ldots, n)$ の最小公倍数である．

# 4.3 巡回群の直積

群の直積の中でも，とくに巡回群の直積についてみていこう．まずは，次の二つの例をみてみよう．

**例 4.2**　$G = \langle g \rangle$ を位数 2 の巡回群，$H = \langle h \rangle$ を位数 3 の巡回群とする．$G$ の単位元を $e$，$H$ の単位元を $e'$ とすると，$g^2 = e, h^3 = e'$ である．

$$G \times H = \{(e, e'), (g, e'), (e, h), (e, h^2), (g, h), (g, h^2)\}$$

より，$|G \times H| = 6$ である．定理 4.3 より，

$$\mathrm{ord}(g, h) = \mathrm{lcm}(\mathrm{ord}\, g, \mathrm{ord}\, h) = \mathrm{lcm}(2, 3) = 6$$

となるので，$\langle (g, h) \rangle = G \times H$ である．すなわち，$G \times H$ は $(g, h)$ を生成元とする巡回群である．

**例 4.3**　$G = \langle g \rangle$，$H = \langle h \rangle$ を位数 2 の巡回群とする．$G$ の単位元を $e$，$H$ の単位元を $e'$ とすると，$g^2 = e, h^2 = e'$ である．

$$G \times H = \{(e, e'), (g, e'), (e, h), (g, h)\}$$

より，$|G \times H| = 4$ である．一方，定理 4.3 より，

$$\mathrm{ord}(g, e') = \mathrm{ord}(e, h) = \mathrm{ord}(g, h) = 2$$

であるので，$G \times H$ は位数 4 の元をもたない．よって，定理 3.4 (34ページ) より，$G \times H$ は巡回群ではない．

例 4.2，例 4.3 が示すように，巡回群の直積について，巡回群になるときとならないときがある．これについて一般に次が成り立つ．

---

**定理 4.4**

$G, H$ を巡回群とし，$|G| = m, |H| = n$ とする．このとき，$G \times H$ が巡回群となるための必要十分条件は，$\gcd(m, n) = 1$ である．また，$\gcd(m, n) = 1$ のとき，$G$ の生成元 $g$ と $H$ の生成元 $h$ の組 $(g, h)$ は，巡回群 $G \times H$ の生成元になる．

---

**証明**

　$G, H$ の単位元をそれぞれ $e, e'$ とする．$|G| = m, |H| = n$ より，$G \times H = mn$ であり，$G = \langle g \rangle$, $H = \langle h \rangle$ とすると，$\operatorname{ord} g = m$, $\operatorname{ord} h = n$ である．

　$\gcd(m, n) = 1$ とすると，定理 4.3 より，$\operatorname{ord}(g, h) = \operatorname{lcm}(m, n) = mn = |G \times H|$ であるので，定理 3.4（34 ページ）と定理 3.5（35 ページ）より，$G \times H$ は $(g, h)$ を生成元とする巡回群である．

　$\gcd(m, n) = d > 1$ とすると，$m = ad, n = bd$（$a, b$ は整数）と表せ，$\dfrac{mn}{d} = \dfrac{abd^2}{d} = abd \in \mathbb{Z}$ となる．$abd = na = mb$ であることに注意すると，任意の $(g^i, h^j)$ について，

$$(g^i, h^j)^{\frac{mn}{d}} = (g^{mbi}, h^{naj}) = ((g^m)^{bi}, (h^n)^{aj}) = (e, e')$$

より，$\operatorname{ord}(g^i, h^j) \leqq \dfrac{mn}{d} < mn$ である．よって，$G \times H$ は位数 $mn$ の元をもたないので，定理 3.4 より $G \times H$ は巡回群ではない．

---

　巡回群の直積に限らず，群の直積 $G \times H$ は，群 $G$ の部分群 $G'$ と群 $H$ の部分群 $H'$ に対して，$G' \times H'$ を部分群にもつが，一般には，これ以外の部分群もある．

　**例 4.4**　位数 2 の巡回群 $G = \langle g \rangle$ と $H = \langle h \rangle$ に対して，$G \times H$ の部分群は以下の五つである．ただし，$G, H$ の単位元をそれぞれ $e, e'$ とする．

$$\{e\} \times \{e'\} = \{(e, e')\}$$

$$G \times \{e'\} = \{(e, e'), (g, e')\}$$

$$\{e\} \times H = \{(e, e'), (e, h)\}$$

$$\langle (g, h) \rangle = \{(e, e'), (g, h)\}$$

$$G \times H$$

$\langle (g, h) \rangle$ は $G$ の部分群と $H$ の部分群の直積の形では表せない部分群である.

# 4.4 暗号と直積

ヴィジュネル暗号は，シフト暗号を複数組み合わせることで，シフト暗号よりも破られにくい暗号を実現している．実際，シフト暗号では鍵の総数が 26 であるのに対し，4.1 節で紹介したヴィジュネル暗号の例ではシフト暗号の鍵 5 個を組にして用いるため鍵の総数が $26^5 = 11881376$ となっていて，ビジュネル暗号であることをわかっていたとしても手作業では鍵の総当たりで攻撃することは難しい．

ヴィジュネル暗号のアイデアは他の暗号にも適用できる．一般に，$(\mathcal{P}, \mathcal{C}, \mathcal{K}, \mathcal{E}, \mathcal{D})$ で定まる暗号があったとき，鍵を $n$ 個選んで組にして用いることで，平文の集合が $\mathcal{P}^n$，暗号文の集合が $\mathcal{C}^n$，$E_{K_1}, E_{K_2}, \ldots, E_{K_n}$ の組 $E_{(K_1, K_2, \ldots, K_n)} = (E_{K_1}, E_{K_2}, \ldots, E_{K_n})$ が暗号化関数となる新しい暗号

$$(\mathcal{P}^n, \mathcal{C}^n, \mathcal{K}^n, \mathcal{E}^n, \mathcal{D}^n)$$

が得られる．もとの暗号の五つの集合 $\mathcal{P}, \mathcal{C}, \mathcal{K}, \mathcal{E}, \mathcal{D}$ それぞれについて直積をとっただけのものであるが，$n$ を大きくすれば鍵の総数は膨大になり，鍵の総当たりによる攻撃を困難にする．

暗号では，複数の暗号を組み合わせてより安全性の高い暗号を構成することがよく行われる．暗号の直積というアイデアは，複数の暗号を組

み合わせて用いる方法の中で最も簡単なものといえる．ヴィジュネル暗号の時代から数百年を経て 20 世紀に入ると，暗号解読技術の進歩にともなって，より複雑な暗号が求められるようになっていく．

**演習問題**

問題 4.1

$G = \langle g \rangle$ を位数 3 の巡回群，$H = \langle h \rangle$ を位数 4 の巡回群とする．

(1)  $G \times H$ が $\boldsymbol{a} = (g, h)$ を生成元とする巡回群であることを，$\boldsymbol{a}^i$ $(i = 0, 1, 2, \ldots)$ を具体的に計算することで確かめよ．

(2)  $\boldsymbol{a} = (g, h)$ 以外の生成元をすべて求めよ．

問題 4.2

$G = \langle g \rangle$ を位数 2 の巡回群，$H = \langle h \rangle$ を位数 4 の巡回群とする．

(1)  $G \times H$ の元の位数は 4 の約数であることを示せ．

(2)  $G \times H$ の部分群をすべて求めよ．

問題 4.3

$G = \langle g \rangle$ を位数 4 の巡回群，$H = \langle h \rangle$ を位数 4 の巡回群とする．$G \times H$ の部分群をすべて求めよ．

問題 4.4

$G = \langle g \rangle$ を位数 3 の巡回群，$H = \langle h \rangle$ を位数 6 の巡回群とする．$G \times H$ の部分群をすべて求めよ．

# 第5章

# エニグマと対称群

本章では，暗号機エニグマの仕組みの
説明から始め，対称群とよばれる，$n$
文字の集合からそれ自身への全単射全
体のなす群を紹介する．

**本章での主な学習内容** ──────
対称群，置換，互換，巡回置換．

# 5.1　エニグマと群

## ■5.1.1　エニグマと関数の合成

　第二次世界大戦で使われたドイツ軍の暗号機エニグマは，アルファベット 26 文字の集合上の全単射を組み合わせて使う仕組みになっていた.

　エニグマで用いられる関数は五つで，電気的な配線で実現されていた. うち三つは回転する歯車に配線が仕込まれたローター，あとの二つは，文字を二つずつ組にして互いに入れ替えるように配線されたリフレクターと，入力用のキーボードと一つめのローターの間でいくつかの文字をペアにして互いに入れ替えることのできるプラグボードであった.

　エニグマは入力された文字を 1 文字ずつ暗号化していく. 三つのローターを $f_1, f_2, f_3$，リフレクターを $g$，プラグボードを $h$ で表すと，入力された文字は，$h, f_1, f_2, f_3$ を順に通って変換され，その後 $g$ で別の文字と入れ替えられた後，今度は $f_3, f_2, f_1, h$ を逆向きに通って変換されて（つまり逆変換されて）戻ってきて最終的な暗号文となる（図 5.1）.

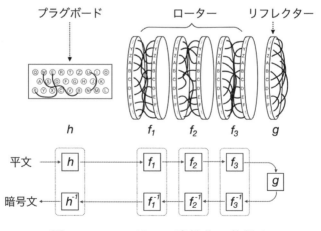

図 5.1　エニグマの暗号化の仕組み

複数の変換を順に適用していくことは関数を合成していることと同じであり，また，$f_1, f_2, f_3, h$ を逆向きに通ることは逆関数 $f_1^{-1}, f_2^{-1}, f_3^{-1}, h^{-1}$ で変換されることと同じである（$h$ はその仕組みから $h^{-1} = h$ である）．$S$ をアルファベット 26 文字全体の集合とすると，エニグマの暗号化は次のような関数の合成として表される．

$$h^{-1} \circ f_1^{-1} \circ f_2^{-1} \circ f_3^{-1} \circ g \circ f_3 \circ f_2 \circ f_1 \circ h : S \to S$$

$f_1, f_2, f_3, h$ やその逆関数，そして $g$ は，どれもアルファベットを別のアルファベットに変換する暗号化関数である．これらを合成した関数を暗号化関数とするエニグマは，入力と出力がともにアルファベット 1 文字であるような暗号化関数を合成して得られる多重暗号化を利用した暗号機であるといえる．

　　複数の文字からなるメッセージの暗号化ではさらに複雑なことが行われる．エニグマでは 1 文字暗号化するごとに，三つのローターのうちの一つが回転して 1 文字分ずれることによって暗号化関数が変化するようになっていた．これを数学的に述べると，たとえば $f_1$ が回転するとき，1 文字だけずらすシフト暗号の暗号化関数を $\sigma$ として $f_1$ が $\sigma \circ f_1 \circ \sigma^{-1}$ に置き換わる．この回転が $k$ 回起こると，$f_1$ は $\sigma^k \circ f_1 \circ \sigma^{-k}$ に置き換わることになる．$k = 26$ になるともとに戻るが，この仕組みにより，一つのローターで 26 個の暗号化関数が生み出されることになる．エニグマでは三つのローターが連動して回転していくことによって，$26^3$ 個の関数が順に切り替わりながら使われるようになっていた．エニグマではさらに，ローターの順番を入れ替えたり，別のローターと入れ替えたり，プラグボードの設定を変えたりすることもでき，これらの仕組みで膨大な数の暗号化関数が実現されていた．エニグマの暗号機は電気機械式で暗号化や復号での複雑な手続きを高速に処理できた．その一方で，エニグマの暗号を第三者が解読するには，膨大な暗号化関数のどれが使われているかを突き止めなければならなかったのである．

エニグマで用いられた暗号化関数の合成による多重暗号化は，暗号と代数学の関わりについて，これまで $\mathcal{P}$ 上の演算を通してみてきたものとは異なる，もう一つの関わり方をみせてくれる．本章では以下，暗号と代数学のもう一つの関わりについてみていこう．

## コラム　紙でつくるエニグマ

　エニグマの模型は非常に高価だが，エニグマの仕組みを体験できる紙模型をつくることができる．まず，次のものを用意しよう．

- 下記に掲載されているデータ (pringlesenigma3a4.pdf)
  `http://wiki.franklinheath.co.uk/index.php`
  　　　　　　　　　　　　　　　　`/Enigma/Paper_Enigma`
- A4 サイズの用紙 2 枚 (ペーパークラフト用紙がよい．)
- お菓子の筒 (円筒型の筒：長さ 225mm 以上，直径 75mm 推奨．)
  ※直径が 75mm より小さい場合，直径に合わせて縮小印刷する必要がある．

**作り方．**　ダウンロードしたデータを用紙に印刷してパーツごとに切り離し，入出力部，ローター (3 個)，リフレクターの順に並ぶように缶の外側にリング状に巻きつけて（リングを回せるように少し緩めに巻く），のりしろで糊付けすれば完成である．

**使い方．**　入出力部のアルファベットからスタートし，線をたどってリフレクターまで行ったら，リフレクターの線をたどって折り返してくる．ローターを逆向きに入出力部まで戻ってきたときの文字が，暗号化された文字となる．1 文字ごとにローターの一つを 1 文字分回転させれば，エニグマの動作と全く同じになる．プラグボードの設定は入出力部のリングに手書きするようになっている．復号は暗号化のときと同じ状態にローターとリフレクターをセットして，暗号化された文字からスタートして暗号化と同じことをすればよい．戻ってきたら平文の文字に復号されている．

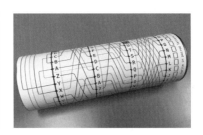

## ■5.1.2 二重暗号化と関数の合成

1.2 節の例 1.1（7 ページ）と例 1.2（7 ページ）で紹介した暗号は，どちらも平文全体の集合 $\mathcal{P}$ と暗号文全体の集合 $\mathcal{C}$ がアルファベット 26 文字からなる集合であった．このように平文全体の集合 $\mathcal{P}$ と暗号文全体の集合 $\mathcal{C}$ が同じ集合であるような暗号は，一度暗号化して得られた暗号文を別の暗号化関数に平文として入力して再度暗号化することができる．つまり，暗号化関数を合成して暗号化を二重に行うことができる．さらに，例 1.1, 1.2 の例では，暗号化関数を合成して得られる関数もそれぞれの暗号の暗号化関数である．

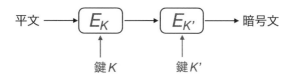

**図 5.2** $\mathcal{P} = \mathcal{C}$ である暗号は暗号化関数を合成できる

上に述べたことを数学的に表すと次のようになる．

$$\text{任意の } E_K, E_{K'} \in \mathcal{E} \text{ に対して，} E_{K'} \circ E_K \in \mathcal{E}$$

つまり，関数の合成 $\circ$ は，例 1.1, 1.2 の暗号化関数の集合 $\mathcal{E}$ に二項演算を定める．さらに，$\mathcal{E}$ とその二項演算 $\circ$ は，次の性質をみたしている．

1. 任意の $E_K, E_{K'}, E_{K''} \in \mathcal{E}$ に対して，次が成り立つ．

$$(E_{K''} \circ E_{K'}) \circ E_K = E_{K''} \circ (E_{K'} \circ E_K)$$

2. $\varepsilon$ を恒等写像（任意の $x$ に対して $\varepsilon(x) = x$ となる写像）とするとき，任意の $E_K \in \mathcal{E}$ に対して，次が成り立つ．

$$\varepsilon \circ E_K = E_K \circ \varepsilon = E_K$$

3. 任意の $E_K \in \mathcal{E}$ に対して，$E_K \circ D_K = D_K \circ E_K = \varepsilon$ である．

　例 1.1 や例 1.2 の暗号では，$\varepsilon$ や $D_K$ も $\mathcal{E}$ の元であることに注意すると，これら三つの性質は，例 1.1 や例 1.2 の $\mathcal{E}$ が群になっていることを示している．実際，性質 1 は結合法則，性質 2 は単位元の存在，性質 3 は逆元の存在という群の定義（18 ページ）の三つの条件に対応している．

**例 5.1**　例 1.1 や例 1.2 の暗号における $\mathcal{E}$ は，関数の合成 $\circ$ を二項演算として群になっている．単位元は恒等写像 $\varepsilon$（シフト暗号の場合は 0 を鍵とする暗号化関数 $E_0$）であり，$E_K$ の逆元 $E_K^{-1}$ は $E_K$ に対応する復号関数 $D_K$ で与えられる．例 1.1 や例 1.2 の暗号では $\mathcal{E} = \mathcal{D}$ であるから，$E_K^{-1} = D_K \in \mathcal{E}$ である．

　　　　例 1.1 では，$D_K = E_{26-K}$ より，$\mathcal{E} = \mathcal{D}$ となる．

　　　　多重暗号化の利点は，比較的単純な暗号化関数を合成して複雑な暗号化関数をつくることができる点にあるが，復号も多重暗号化の各段階の暗号化関数に対応する復号関数の合成で行える．たとえば，$f_1 \circ f_2 \circ f_3$ という三つの暗号化関数が合成されている場合，$(f_1 \circ f_2 \circ f_3)^{-1} = f_3^{-1} \circ f_2^{-1} \circ f_1^{-1}$ より，$f_i$ に対応する復号関数 $f_i^{-1}$ の合成で復号できる．多重暗号化は，現在でもさまざまな暗号の設計に利用されている．

　暗号と代数学のもう一つの関わりは，このように $\mathcal{P} = \mathcal{C}$，$\mathcal{E} = \mathcal{D}$ である暗号に対して，暗号化関数全体の集合と関数の合成が定める二項演算を考えることで現れる．この関わりにおいては，部分群がより自然な形で現れる．つまり，ある暗号がより一般の暗号の一部として含まれているような例の中に，その関係を部分群でとらえられるものがある．

**例 5.2**　例 1.2 でみたように，シフト暗号は例 1.2 の暗号の一部として含まれている．ここで，例 1.2 の暗号の暗号化関数全体を $\mathcal{E}$，シフト暗号の暗号化関数全体を $\mathcal{E}'$ とすると，$\mathcal{E}'$ は $\mathcal{E}$ の部分群である．

　例 1.2 の暗号化関数全体のなす群は，数学的にみると，26 文字の集合からそれ自身への全単射全体のなす群である．代数学では，$n$ 文字の集合からそれ自身への全単射全体のなす群が登場する．次の節では，この群について詳しくみることにしよう．

# 5.2  $n$ 次対称群 $S_n$

　一般に，有限集合 $A$ に対して，$A$ から $A$ への全単射全体を考える
と，関数の合成を二項演算として群になる．以下，有限集合 $A$ を，
$A = \{1, 2, \ldots, n\}$ として，$A$ から $A$ への全単射全体がつくる群について
みていこう.

## ■5.2.1　置換と対称群

**定義**

　2 以上の整数 $n$ に対して，$A = \{1, 2, \ldots, n\}$ とおく．$A$ から $A$
への全単射を $A$ 上の**置換**という．$A$ から $A$ への恒等写像を**恒等置
換**といい，$\varepsilon$ で表す．$A$ 上の置換全体の集合を $S_n$ とおく.

$$S_n = \{\sigma \mid \sigma \text{ は集合 } A \text{ 上の置換} \}$$

$\sigma, \tau \in S_n$ に対して，$\sigma \cdot \tau = \sigma \circ \tau$ （$\sigma$ と $\tau$ の合成）で $S_n$ の二項演
算を定めると $S_n$ は群になる．この群を **$n$ 次対称群**という.

　$S_n$ の単位元は恒等置換 $\varepsilon$ である．また，$S_n$ の元 $\sigma$ に対して，$\sigma$
の逆元は $\sigma$ の逆写像 $\sigma^{-1}$ で与えられる.

$S_n$ の元は次のように表される.

$$\sigma = \begin{pmatrix} 1 & 2 & \cdots & n \\ \sigma(1) & \sigma(2) & \cdots & \sigma(n) \end{pmatrix}$$

これは，$\sigma$ が $A = \{1, 2, \ldots, n\}$ 上の写像として整数 $1, 2, \ldots, n$ をどうう
つすかを表している．つまり，写像 $y = \sigma(x)$ の $x$ と $y$ の対応表

| $x$ | 1 | 2 | $\cdots$ | $n$ |
|---|---|---|---|---|
| $\sigma(x)$ | $\sigma(1)$ | $\sigma(2)$ | $\cdots$ | $\sigma(n)$ |

から数字の対応部分のみを抜き出して括弧をつけたものと思えばよい.

**例 5.3**　$\sigma \in S_3$ が次をみたす写像であるとする。

| $x$ | 1 | 2 | 3 |
|---|---|---|---|
| $\sigma(x)$ | 2 | 3 | 1 |

このとき，$\sigma$ は次のように表される.

$$\sigma = \begin{pmatrix} 1 & 2 & 3 \\ 2 & 3 & 1 \end{pmatrix}$$

表から数字の並びをそのまま
抜き出して括弧をつける

| $x$ | 1 | 2 | 3 |
|---|---|---|---|
| $\sigma(x)$ | 2 | 3 | 1 |

$$\sigma = \begin{pmatrix} 1 & 2 & 3 \\ 2 & 3 & 1 \end{pmatrix}$$

**図 5.3**　置換の表し方

**例 5.4**　$\sigma = \begin{pmatrix} 1 & 2 & 3 \\ 2 & 3 & 1 \end{pmatrix}, \tau = \begin{pmatrix} 1 & 2 & 3 \\ 1 & 3 & 2 \end{pmatrix} \in S_3$ とすると，

$$\sigma\tau(1) = \sigma \circ \tau(1) = \sigma(\tau(1)) = \sigma(1) = 2,$$
$$\sigma\tau(2) = \sigma \circ \tau(2) = \sigma(\tau(2)) = \sigma(3) = 1,$$
$$\sigma\tau(3) = \sigma \circ \tau(3) = \sigma(\tau(3)) = \sigma(2) = 3$$

より，

$$\sigma\tau = \begin{pmatrix} 1 & 2 & 3 \\ \sigma\tau(1) & \sigma\tau(2) & \sigma\tau(3) \end{pmatrix} = \begin{pmatrix} 1 & 2 & 3 \\ 2 & 1 & 3 \end{pmatrix}$$

であるから，

$$\begin{pmatrix} 1 & 2 & 3 \\ 2 & 3 & 1 \end{pmatrix} \begin{pmatrix} 1 & 2 & 3 \\ 1 & 3 & 2 \end{pmatrix} = \begin{pmatrix} 1 & 2 & 3 \\ 2 & 1 & 3 \end{pmatrix}$$

である.

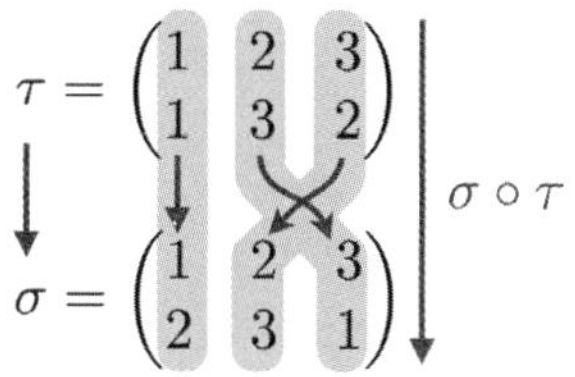

$$\tau = \begin{pmatrix} 1 & 2 & 3 \\ 1 & 3 & 2 \end{pmatrix}$$

$$\sigma = \begin{pmatrix} 1 & 2 & 3 \\ 2 & 3 & 1 \end{pmatrix} \Bigg| \sigma \circ \tau$$

**図 5.4**  置換の積 $\sigma\tau$ は $\sigma$ と $\tau$ の合成である（合成の順序に注意）

**例 5.5**  $\sigma = \begin{pmatrix} 1 & 2 & 3 \\ 2 & 3 & 1 \end{pmatrix} \in S_3$ に対して,

$$\sigma(1) = 2 \ \text{より}, \sigma^{-1}(2) = 1,$$
$$\sigma(2) = 3 \ \text{より}, \sigma^{-1}(3) = 2,$$
$$\sigma(3) = 1 \ \text{より}, \sigma^{-1}(1) = 3$$

であるから, $\sigma^{-1} = \begin{pmatrix} 1 & 2 & 3 \\ 3 & 1 & 2 \end{pmatrix}$ である.

$$\sigma = \begin{pmatrix} 1 & 2 & 3 \\ 2 & 3 & 1 \end{pmatrix} \Big\uparrow \sigma^{-1}$$

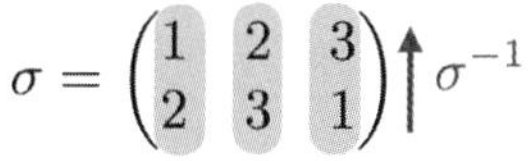

**図 5.5**  置換 $\sigma^{-1}$ は $\sigma$ を下から上にみればよい

**例 5.6**  $\sigma = \begin{pmatrix} 1 & 2 & 3 \\ 2 & 3 & 1 \end{pmatrix} \in S_3$ の位数を調べよう. まず,

$$\sigma^2(1) = \sigma(\sigma(1)) = \sigma(2) = 3,$$
$$\sigma^2(2) = \sigma(\sigma(2)) = \sigma(3) = 1,$$
$$\sigma^2(3) = \sigma(\sigma(3)) = \sigma(1) = 2$$

より, $\sigma^2 = \begin{pmatrix} 1 & 2 & 3 \\ 3 & 1 & 2 \end{pmatrix}$ である. さらに,

$$\sigma^3(1) = \sigma(\sigma^2(1)) = \sigma(3) = 1,$$
$$\sigma^3(2) = \sigma(\sigma^2(2)) = \sigma(1) = 2,$$
$$\sigma^3(3) = \sigma(\sigma^2(3)) = \sigma(2) = 3$$

より，$\sigma^3 = \varepsilon$ である．よって，$\mathrm{ord}\,\sigma = 3$ である．

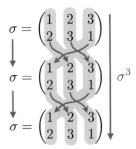

**図 5.6**　$\sigma^3$ は $\sigma$ によるうつり先を 3 回たどればよい

ここで，$S_{n-1}$ と $S_n$ の関係について補足しておこう．$\sigma \in S_{n-1}$ に対して，

$$\tilde{\sigma}(k) = \begin{cases} \sigma(k) & (k = 1, 2, \ldots, n-1) \\ n & (k = n) \end{cases}$$

とすることで，$\sigma$ は自然に $S_n$ の元とみなすことができる．逆に，$\sigma(n) = n$ をみたす $\sigma \in S_n$ は，定義域を $\{1, 2, \ldots, n-1\}$ に制限して考えることで，自然に $S_{n-1}$ の元とみなすことができる．このことから，$S_{n-1} \subset S_n$ と考えることができる．

## ■ 5.2.2  互換と巡回置換

> **定義** ─────────
>
> $i, j \in \{1, 2, \ldots, n\}$ を互いに異なる数とする.
>
> $$\sigma(k) = \begin{cases} j & (k = i) \\ i & (k = j) \\ k & (k \neq i, j) \end{cases}$$
>
> をみたす $\sigma \in S_n$ を**互換**といい, $(i\ j)$ で表す. つまり, 互換とは, 二つの数を互いに入れ替え, 他の数は動かさない置換である.

**例 5.7**  $(2\ 4) \in S_5$ とは, $\begin{pmatrix} 1 & 2 & 3 & 4 & 5 \\ 1 & 4 & 3 & 2 & 5 \end{pmatrix}$ のことである.

**例 5.8**  $(1\ 3), (1\ 4) \in S_4$ に対して, $(1\ 3)(1\ 4)$ は次のようになる.

$$(1\ 3)(1\ 4) = \begin{pmatrix} 1 & 2 & 3 & 4 \\ 3 & 2 & 1 & 4 \end{pmatrix} \begin{pmatrix} 1 & 2 & 3 & 4 \\ 4 & 2 & 3 & 1 \end{pmatrix} = \begin{pmatrix} 1 & 2 & 3 & 4 \\ 4 & 2 & 1 & 3 \end{pmatrix}$$

> **定義** ─────────
>
> $i_1, i_2, \ldots, i_r \in \{1, 2, \ldots, n\}$ を互いに異なる $r$ 個の数とする.
>
> $$\sigma(k) = \begin{cases} i_{j+1} & (k = i_j \text{ かつ } j < r) \\ i_1 & (k = i_r) \\ k & (k \neq i_1, i_2, \ldots, i_r) \end{cases}$$
>
> をみたす $\sigma \in S_n$ を**巡回置換**といい, $(i_1\ i_2\ \cdots\ i_r)$ で表す. $r$ を巡回置換 $\sigma$ の**長さ**という. つまり, 長さ $r$ の巡回置換とは, $r$ 個の数を指定の順序で回していく置換である.

互換は長さ 2 の巡回置換である.

**例 5.9**　$(2\,4\,1\,5) \in S_6$ とは,

$$\begin{pmatrix} 1 & 2 & 3 & 4 & 5 & 6 \\ 5 & 4 & 3 & 1 & 2 & 6 \end{pmatrix}$$

のことである. 巡回置換の表し方は一通りではない.

$$(2\,4\,1\,5) = (4\,1\,5\,2) = (1\,5\,2\,4) = (5\,2\,4\,1)$$

　エニグマで1文字暗号化するごとにローターが1文字分ずつずれることを, 1文字ずらすシフト暗号の暗号化関数を用いて説明した (55 ページ). アルファベット26文字を1から26までの26個の整数に対応させるとき, この1文字ずらすシフト暗号の暗号化関数は, $S_{26}$ での長さ26の巡回置換 $(1\,2\,3\,\cdots\,25\,26)$ に対応する.

---

**定理 5.1**

$n$ 次対称群 $S_n$ の任意の元は互換の積として表せる.

---

**証明**

　$n$ に関する数学的帰納法で示す.

　$n = 2$ のとき, $S_2 = \{\varepsilon, (1\,2)\}$ であり, $\varepsilon = (1\,2)(1\,2)$ であるから成り立つ.

　$n = k(\geqq 2)$ のとき成り立つとして, $n = k+1$ のとき成り立つことを示す. $\varepsilon \in S_{k+1}$ は $\varepsilon = (1\,2)(1\,2)$ と表せるので, $\sigma(\neq \varepsilon) \in S_{k+1}$ について考える.

　$\sigma(k+1) = k+1$ のとき, $\sigma \in S_k$ とみなせるので, 帰納法の仮定より $1, 2, \ldots, k$ に関する互換の積として表せる.

　$\sigma(k+1) \neq k+1$ のとき, $\tau = (k+1\ \sigma(k+1))\sigma$ とすると, $\tau(k+1) = k+1$ となり, $\tau \in S_k$ とみなせるので, 帰納法の仮定より $\tau$ は $1, 2, \ldots, k$ に関する互換の積として表せる. $(k+1\ \sigma(k+1))^{-1} = (k+1\ \sigma(k+1))$ より, $\sigma = (k+1\ \sigma(k+1))\tau$ であるから, $\sigma$ は互換の積として表せる.

$\sigma \in S_n$ を互換の積として表すには，$\sigma(n) \neq n$ ならば互換 $(n\,\sigma(n))$ を掛けて $\sigma' = (n\,\sigma(n))\sigma \in S_{n-1}$ に帰着し，さらに $\sigma'(n-1) \neq n-1$ ならば互換 $(n-1\,\sigma'(n-1))$ を掛けて $\cdots$，という作業を繰り返し，恒等置換 $\varepsilon$ が得られるまで続ければよい．

**例 5.10**  $\sigma = \begin{pmatrix} 1 & 2 & 3 & 4 & 5 \\ 3 & 4 & 1 & 5 & 2 \end{pmatrix}$ を互換の積として表してみよう．

$$(2\,5)\sigma = (2\,5)\begin{pmatrix} 1 & 2 & 3 & 4 & 5 \\ 3 & 4 & 1 & 5 & 2 \end{pmatrix} = \begin{pmatrix} 1 & 2 & 3 & 4 & 5 \\ 3 & 4 & 1 & 2 & 5 \end{pmatrix}$$

$$(2\,4)(2\,5)\sigma = (2\,4)\begin{pmatrix} 1 & 2 & 3 & 4 & 5 \\ 3 & 4 & 1 & 2 & 5 \end{pmatrix} = \begin{pmatrix} 1 & 2 & 3 & 4 & 5 \\ 3 & 2 & 1 & 4 & 5 \end{pmatrix}$$

$$(1\,3)(2\,4)(2\,5)\sigma = (1\,3)\begin{pmatrix} 1 & 2 & 3 & 4 & 5 \\ 3 & 2 & 1 & 4 & 5 \end{pmatrix} = \begin{pmatrix} 1 & 2 & 3 & 4 & 5 \\ 1 & 2 & 3 & 4 & 5 \end{pmatrix}$$

よって，

$$(1\,3)(2\,4)(2\,5)\sigma = \varepsilon$$

となるので，

$$\sigma = (2\,5)^{-1}(2\,4)^{-1}(1\,3)^{-1}\varepsilon = (2\,5)(2\,4)(1\,3)$$

が得られる．

置換を互換の積として表す表し方は一通りではない．たとえば，例 5.10 の $\sigma$ に対しては，

$$\sigma = (1\,3)(2\,4)(4\,5)$$

という表し方もできる (例 5.10 の手順とは逆に，1 から順に $1 \to 1$，$2 \to 2$ となるように互換を掛けていってみよう)．また，次ページのコラムに示すように，あみだくじと対応させることで他にも多くの表し方があることがわかる．

コラム　置換と「あみだくじ」

　まずは次の置換とあみだくじを見比べてみよう.

$$\sigma = \begin{pmatrix} 1 & 2 & 3 & 4 & 5 \\ 3 & 4 & 1 & 5 & 2 \end{pmatrix}$$

あみだくじの線をたどってみればすぐわかるが,上の $\sigma$ とあみだくじは同じ写像を表している.一般に,任意の置換 $\sigma$ に対して,$\sigma$ と同じ対応を与えるあみだくじをつくることができる(ただし,同じ置換を表すあみだくじはたくさんあるので一通りには定まらない).あみだくじの横線は互換と同じはたらきをする.横線は上から順に適用されるので,上のあみだくじは

$$(2\,3)(3\,4)(1\,2)(2\,3)(4\,5)$$

という互換の積に対応することがわかる.このように,あみだくじを利用して $\sigma$ を互換の積として表すことができる.

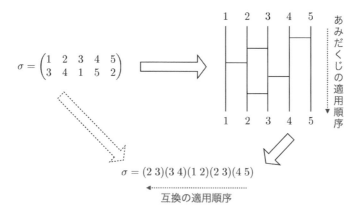

　定理5.1で $S_n$ の元が互換の積として表せることをみたが,あみだくじとの対応の観察から,実は $(i\ i+1)$ の形の互換のみを用いた積として表せることがわかる.

巡回置換に関しては次の定理が成り立つ.

---

**定理 5.2**

　$n$ 次対称群 $S_n$ の恒等置換でない任意の元は, 互いに共通の数を含まない巡回置換の積として表せる.

---

**証明**

　$n$ に関する数学的帰納法で示す.

　$n = 2$ のとき, $S_2 = \{\varepsilon, (1\,2)\}$ であるから明らかに成り立つ.

　$n = k$ について成り立つと仮定して, $n = k + 1$ のとき成り立つことを示す. $\sigma$ を $\sigma \neq \varepsilon$ である任意の $S_{k+1}$ の元とする.

　$\sigma(k+1) = k+1$ のとき, $\sigma \in S_k$ とみなせるので, 帰納法の仮定より, 互いに共通の数を含まない巡回置換の積として表せる.

　$\sigma(k+1) \neq k+1$ のとき,

$$k+1, \sigma(k+1), \sigma^2(k+1), \sigma^3(k+1), \ldots$$

を考えると, $\sigma^r(k+1) = k+1$ となる整数 $r(2 \leqq r \leqq k+1)$ が存在する. $r$ をこのような $r$ のうち最小のものとして,

$$\tau = (k+1 \quad \sigma(k+1) \quad \sigma^2(k+1) \quad \cdots \quad \sigma^{r-1}(k+1))$$

とおくと, $\tau$ は巡回置換である. ここで, $\tau^{-1}\sigma$ を考えると, $\tau^{-1}\sigma(k+1) = k+1$ となるから, $\tau^{-1}\sigma \in S_k$ とみなせる. $\tau^{-1}\sigma = \varepsilon$ ならば, $\sigma = \tau$ より $\sigma$ は一つの巡回置換として表せる. $\tau^{-1}\sigma \neq \varepsilon$ のとき, 帰納法の仮定より, 互いに共通の数を含まない巡回置換 $\rho_1, \rho_2, \ldots, \rho_\ell$ を用いて, $\tau^{-1}\sigma = \rho_1\rho_2\cdots\rho_\ell$ と表せる. $\tau$ のつくり方から, 任意の $j = 0, 1, 2, \ldots, r-1$ について, $\tau^{-1}\sigma(\sigma^j(k+1)) = \sigma^j(k+1)$ (ただし, $\sigma^0(k+1) = k+1$ とする) であるので, $\rho_1, \rho_2, \ldots, \rho_\ell$ は $\tau$ と共通の数を含まない. よって, $\sigma = \tau\rho_1\rho_2\cdots\rho_\ell$ ($\tau, \rho_1, \rho_2, \ldots, \rho_\ell$ は互いに共通の数を含まない巡回置換) と表せる.

---

　与えられた置換 $\sigma \in S_n$ を互いに共通の数を含まない巡回置換の積として表すには，$\sigma(i) \neq i$ となる数 $i$ に対して，$i$ から始まって $i$ に戻るサイクル $i \xrightarrow{\sigma} \sigma(i) \xrightarrow{\sigma} \sigma^2(i) \xrightarrow{\sigma} \cdots \xrightarrow{\sigma} i$ をみつけていけばよい.

**例 5.11**　$\sigma = \begin{pmatrix} 1 & 2 & 3 & 4 & 5 & 6 & 7 \\ 3 & 6 & 5 & 1 & 4 & 7 & 2 \end{pmatrix}$ を互いに共通の数を含まない巡回置換の積として表してみよう.

　まず，1から始まるサイクルを考えると，

$$1 \xrightarrow{\sigma} 3 \xrightarrow{\sigma} 5 \xrightarrow{\sigma} 4 \xrightarrow{\sigma} 1$$

がみつかる. 次に，2はこのサイクルに含まれないので，2から始まるサイクルを考えると，

$$2 \xrightarrow{\sigma} 6 \xrightarrow{\sigma} 7 \xrightarrow{\sigma} 2$$

がみつかる. 二つのサイクルにすべての数が現れるので，これにより，$\sigma = (1\,3\,5\,4)(2\,6\,7)$ が得られる.

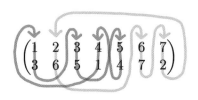

**図 5.7**　例 5.11 の $\sigma$ における二つのサイクル

　置換を互いに共通の数を含まない巡回置換の積として表すと，位数を簡単に求めることができる.

**例 5.12**　$\sigma = \begin{pmatrix} 1 & 2 & 3 & 4 & 5 & 6 & 7 \\ 3 & 6 & 5 & 1 & 4 & 7 & 2 \end{pmatrix}$ の位数を求めてみよう.

例 5.11 より,

$$\sigma = (1\,3\,5\,4)(2\,6\,7)$$

である. 右辺の巡回置換は互いに共通の数を含まないので, 順序を交換しても結果が同じである. このことに注意すると,

$$\sigma^n = (1\,3\,5\,4)^n(2\,6\,7)^n$$

である. $(1\,3\,5\,4)$ の位数は 4 で, $(2\,6\,7)$ の位数は 3 であることから, $\sigma = (1\,3\,5\,4)(2\,6\,7)$ の位数は 3 と 4 の最小公倍数, すなわち, 12 である.

## 演習問題

**問題 5.1**

$\sigma = \begin{pmatrix} 1 & 2 & 3 & 4 \\ 3 & 1 & 4 & 2 \end{pmatrix}$, $\tau = \begin{pmatrix} 1 & 2 & 3 & 4 \\ 2 & 1 & 4 & 3 \end{pmatrix}$ とするとき, $\sigma\tau$, $\tau\sigma$, $\sigma^{-1}$, $\tau^{-1}$ を求めよ. また, $\sigma, \tau$ の位数を求めよ.

**問題 5.2**

$\sigma = (2\,4), \tau = (3\,4) \in S_4$ とするとき, $\sigma\tau$, $\tau\sigma$ をそれぞれ求めよ.

**問題 5.3**

$\sigma = (2\,5\,1\,3), \tau = (3\,4\,2) \in S_5$ とするとき, $\sigma\tau$, $\tau\sigma$ をそれぞれ求めよ.

**問題 5.4**

$\sigma = \begin{pmatrix} 1 & 2 & 3 & 4 & 5 \\ 5 & 3 & 1 & 2 & 4 \end{pmatrix}$ を互換の積として表せ.

**問題 5.5**

$\sigma = \begin{pmatrix} 1 & 2 & 3 & 4 & 5 & 6 \\ 4 & 3 & 6 & 5 & 1 & 2 \end{pmatrix}$ を互いに共通の数を含まない巡回置換の積として表せ. また, $\sigma$ の位数を求めよ.

問題 5.6

$S_3$ について次の問いに答えよ.

(1)　$\sigma = (1\,2\,3),\, \tau = (1\,2)$ とするとき,　$S_3 = \{\varepsilon, \sigma, \sigma^2, \tau, \tau\sigma, \tau\sigma^2\}$ であることを確かめよ.

(2)　$S_3$ の部分群をすべて求めよ.


問題 5.7

エニグマ（54 ページの図 5.1）では,　鍵 $K$ に対する暗号化関数 $E_K$ と復号関数 $D_K$ は等しい, すなわち,　$E_K^2$ は恒等写像になることを示せ.

# 第 **6** 章

# 暗号以外の分野に現れる群

本章では，ふたたび暗号を離れ，暗号以外の分野に現れる群の例として，図形や文様の対称性に関わる群や，化学や物理学で使われる群を紹介する．

**本章での主な学習内容**——————
二面体群，点群，行列群.

　群は暗号以外の分野でも現れる．ここでは，そのような群の例を紹介しよう．

# 6.1　図形の対称性と群

　正三角形を動かしてもとの形に重ね合わせるとき，角の位置の入れ替えのパターンは，もとの状態も含めて全部で六つある（図6.1）．

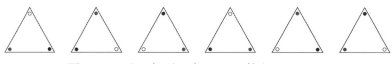

**図 6.1**　正三角形の角の入れ替えパターン

　図6.1のパターンを引き起こす正三角形の変換を考える．正三角形を時計回りに $120°$ 回転させる変換を $r$，底辺の垂直二等分線を軸として $180°$ 回転させて正三角形を裏返す変換を $f$ とする（図6.2）．

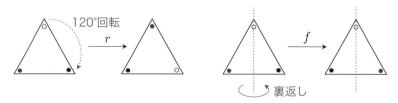

**図 6.2**　正三角形の対称性：$120°$ 回転と裏返し

　このとき，図6.1の六つのパターンは $r$ と $f$ によって互いにうつり合う（次ページの図6.3）．

　図6.1の六つのパターンを引き起こす変換全体の集合を $G$ とすると，図6.3より，

$$G = \{e, r, r^2, f, fr, fr^2\} \quad (r^3 = f^2 = e,\ rf = fr^2)$$

と表され（ただし，$e$ は何もしないでもとのまま重ねる変換，変換の積は「合成」である），$G$ は $e$ を単位元とする群となる．

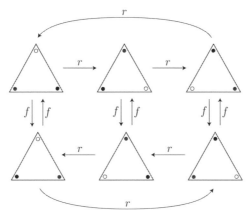

**図 6.3** 正三角形の対称性

一般に，正 $n$ 角形を自分自身に重ね合わせる変換全体の集合を $G$ とすると，$G$ は変換の合成を二項演算とし，何もせずもとのまま重ねる変換 $e$ を単位元とする群になる．$G$ のすべての元は，時計回りに $\frac{360}{n}$ 度回転させて角を一つずつ隣へ移す回転変換を $r$，図形を左右対称になるように置いたときの対称軸に関する裏返しを表す変換を $f$ とすると（図6.4），次のように表される．

$$G = \{e, r, r^2, \ldots, r^{n-1}, f, fr, fr^2, \ldots, fr^{n-1}\}$$
$$(r^n = f^2 = e,\ rf = fr^{n-1})$$

この正 $n$ 角形の変換全体の群 $G$ を $D_n$ で表し，**$n$ 次二面体群**とよぶ．

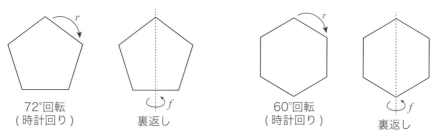

72°回転
（時計回り）
裏返し

60°回転
（時計回り）
裏返し

**図 6.4** 正多角形の対称性：$\frac{360}{n}$ 度回転と裏返し

例 2.14（24〜25 ページ）でみたように，正 $n$ 角錐は底面の正 $n$ 角形を $\frac{360}{n}$ 度ずつ回転させる回転変換に関する対称性があったが，直円錐（底面の円の中心と頂点を結ぶ直線が底面に垂直である円錐）は，任意の角度 $\theta$ に対して底面を $\theta$ 回転させる回転変換 $r_\theta$ に関して対称性がある．

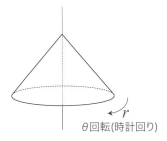

$\theta$回転(時計回り)

**図 6.5**　直円錐の回転対称性

直円錐を動かして自分自身に重ね合わせる変換全体の集合を $G$ とする．角度をラジアンで表すと，任意の角度 $\theta$ と任意の整数 $k$ に対して $r_\theta = r_{\theta+2\pi k}$ であるから，

$$G = \{r_\theta \,|\, 0 \leqq \theta < 2\pi\}$$

と表すことができる．$G$ は，回転変換の合成を二項演算，角度 0 の回転を単位元として群になる．また，$\theta > 0$ に対して，$r_\theta^{-1} = r_{2\pi-\theta}$ である．

# 6.2　分子の対称性と群

群は化学にも現れる．分子の対称性は，空間内での回転に，点対称（点に関する対称移動），線対称（直線に関する対称移動），鏡映（鏡に映す操作，すなわち平面に関する対称移動）を加えて考える．特定の分子に対して，操作前と操作後の分子模型が原子の種類も含めてぴったり重なり，分子構造上の区別がつかない操作の全体を考えると，操作の合成を二項演算として群ができる．このようにしてできる群を**点群**という．

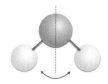

180度回転　　　分子平面に関する鏡映変換　　　分子平面に垂直な平面に関する鏡映変換

図 **6.6**　水分子 ($H_2O$) の対称性

水分子 ($H_2O$) の場合，水分子 ($H_2O$) は，2 個の H を表す球の中心を結ぶ線分の中点と O を表す球の中心を通る直線を中心軸とする 180 度の回転変換 $C_2$，分子平面 (O と 2 個の H を表す球の中心を通る平面) に関する鏡映変換 $\sigma_v$，回転変換 $C_2$ の中心軸を含み分子平面に垂直な平面に関する鏡映変換 $\sigma_{v'}$ に関して対称である．水分子の点群を $G$ とすると，その元は $e, C_2, \sigma_v, \sigma_{v'}$ であるが，$\sigma_v C_2 = C_2 \sigma_v = \sigma_{v'}$ に注意すると，$G = \{e, C_2, \sigma_v, \sigma_v C_2\}$ で表され，$G$ はアーベル群となる．

水分子からは，これまでにも本書で扱った群が現れたが，より複雑な分子からは位数も大きく非可換な有限群が現れる．また，結晶構造のような無限に広がる構造に対しては**空間群**とよばれる無限群が現れる．

# 6.3　文様と群

群はデザインの世界にも現れる．文様(もんよう)の対称性は，平面上での回転と平行移動，点対称，線対称で考える．特定の文様に対して，操作後の文様が操作前の文様とぴったり重なり合う操作の全体を考えると群ができる．

図 **6.7**　捻り梅文様

　例として，捻り梅文様という文様 (図 6.7) を考えてみよう．この文様は 2 次元平面上に無限に広がるパターンであるが，何もしない変換を $e$，基準となる点 (梅文様を一つ選んでその中心にとる) を固定し，基準点の上にある文様を一つ右上の文様に移動させる平行移動を $s$，一つ左上の文様に移動させる平行移動を $t$ で表すと，$st = ts$ より，群の元は $s^i t^j$，$(i, j = 0, \pm 1, \pm 2, \dots)$ で表される (ただし，$s^0 = t^0 = e$)．よって，この文様の対称性を表す群はアーベル群である．

　アーベル群でない群が現れる文様もある．たとえば，吉原繋ぎとよばれる文様 (図 6.8) について考えてみよう．この文様は，横方向にだけ無限に続くパターンであるが，何もしない変換を $e$，八角形型の模様を一つずつ右へずらす変換を $s$，基準となる点 (八角形型の模様を一つ選んでその中心にとる) に関する 180 度回転を表す変換を $r$ で表すと，$\mathrm{ord}\, r = 2$，$\mathrm{ord}\, s = \infty$，$rs = s^{-1} r$ であり，群の元は $e, r, s^i, rs^j$ $(i, j = \pm 1, \pm 2, \dots)$ と表される．

図 6.8　吉原繋ぎ

# 6.4　連続群

　幾何学や物理学で重要な群に**連続群**とよばれるものがある．連続群は無限群の一種であるが，簡単にいうと実数によるパラメータが入っているような群のことである．もっとも簡単な例としては，$\mathbb{R}$ (二項演算は実数の和) や $\mathbb{R}^*$ ($\mathbb{R}$ から 0 を除いた集合，二項演算は実数の積) を挙げることができる．直円錐の回転対称性を表す群 (74 ページ) も連続群の一つであるが，幾何学や物理学では，行列を元とする連続群が現れる．

　　連続群でない無限群の例としては，$\mathbb{Z}$ や $\mathbb{Z} \times \mathbb{Z}/2\mathbb{Z}$ などを挙げることができる．$\mathbb{Z}$ や $\mathbb{Z} \times \mathbb{Z}/2\mathbb{Z}$ のような群を**離散群**という．

実数成分の $m$ 行 $n$ 列行列全体は，行列の足し算（成分ごとの和）を二項演算，零行列（すべての成分が $0$ である行列）を単位元としてアーベル群になるが，幾何学や物理学などでは，行列の掛け算を二項演算とする群が重要な群として登場する．

### ■ 6.4.1 2次正則行列のなす群

たとえば，実数成分の 2 次正方行列（2 行 2 列行列）で逆行列をもつもの（**2 次正則行列**とよばれる）の全体は $GL_2(\mathbb{R})$ と表されるが，$GL_2(\mathbb{R})$ は行列の積を二項演算，単位行列 $E_2 = \begin{pmatrix} 1 & 0 \\ 0 & 1 \end{pmatrix}$ を単位元とし，行列 $A$ の逆元が逆行列 $A^{-1}$ で与えられる群になる．$GL_2(\mathbb{R})$ が群になることは次のようにして確かめられる．まず，$A, B \in GL_2(\mathbb{R})$ に対して，

$$(AB)(B^{-1}A^{-1}) = A(BB^{-1})A^{-1} = AA^{-1} = E_2$$

より，$AB$ は逆行列 $B^{-1}A^{-1}$ をもつから，$AB \in GL_2(\mathbb{R})$ である．よって，行列の積は $GL_2(\mathbb{R})$ の二項演算を定める．二項演算が結合法則をみたすことと，$E_2$ が単位元の性質をみたすことは，行列の積の性質から明らかである．$A \in GL_2(\mathbb{R})$ に対して，$(A^{-1})^{-1} = A$ であることから，$A^{-1} \in GL_2(\mathbb{R})$ である．以上より，$GL_2(\mathbb{R})$ が群であることがわかる．

行列の積は，一般に交換可能ではない（つまり $AB = BA$ は成り立たない）から，$GL_2(\mathbb{R})$ はアーベル群ではないことに注意しよう．$AB = BA$ が一般に成り立たないことは，簡単な例で確認できる．たとえば，$A = \begin{pmatrix} 1 & 2 \\ 1 & 0 \end{pmatrix}, B = \begin{pmatrix} 1 & -1 \\ 0 & 1 \end{pmatrix}$ とすると，

$$\begin{pmatrix} 1 & 2 \\ 1 & 0 \end{pmatrix}\begin{pmatrix} 1 & -1 \\ 0 & 1 \end{pmatrix} = \begin{pmatrix} 1 & 1 \\ 1 & -1 \end{pmatrix}, \quad \begin{pmatrix} 1 & -1 \\ 0 & 1 \end{pmatrix}\begin{pmatrix} 1 & 2 \\ 1 & 0 \end{pmatrix} = \begin{pmatrix} 0 & 2 \\ 1 & 0 \end{pmatrix}$$

より，$AB \neq BA$ である．

$GL_2(\mathbb{R})$ は，成分の条件を使うと次のように表せる．

$$GL_2(\mathbb{R}) = \left\{ \begin{pmatrix} a & b \\ c & d \end{pmatrix} \middle| a, b, c, d \in \mathbb{R}, ad - bc \neq 0 \right\}$$

2 次正方行列 $A = \begin{pmatrix} a & b \\ c & d \end{pmatrix}$ に対して，$ad - bc$ は $A$ の**行列式**とよばれ，$\det A$ で表される．$\det A = ad - bc \neq 0$ であるとき，$ad - bc \neq 0$ を保ちながら成分 $a, b, c, d$ を連続的に変化させることができる．言い換えると，$GL_2(\mathbb{R})$ の元は，成分を連続的に変化させて $GL_2(\mathbb{R})$ の中で動かすことができる．本節の冒頭で，連続群とは実数によるパラメータが入っているような群のことであると述べたが，$GL_2(\mathbb{R})$ は，$ad - bc \neq 0$ を保ちながら動く実数 $a, b, c, d$ をパラメータとして元が表される連続群である．

### ■6.4.2　行列群

一般に，実数成分の $n$ 次正則行列全体（逆行列をもつ $n$ 次正方行列全体）を $GL_n(\mathbb{R})$，複素数成分の $n$ 次正則行列全体を $GL_n(\mathbb{C})$ で表す（$\mathbb{C}$ は複素数全体の集合を表す）．これらは，$GL_2(\mathbb{R})$ と同様に，行列の掛け算を二項演算として群になり，**一般線形群**とよばれる．

> $GL_1(\mathbb{R})$ は逆数をもつ実数全体，$GL_1(\mathbb{C})$ は逆数をもつ複素数全体に対応する．$\mathbb{R}^*$ や $\mathbb{C}^*$（$\mathbb{C}^*$ は $\mathbb{C}$ から $0$ を除いた集合を表す）という記号を用いれば，$GL_1(\mathbb{R}) = \mathbb{R}^*$，$GL_1(\mathbb{C}) = \mathbb{C}^*$ となる．

幾何学や物理学で重要な連続群は一般線型群の部分群として現れる．

$$SL_n(\mathbb{R}) = \{A \in GL_n(\mathbb{R}) \mid \det A = 1\}$$
（**特殊線形群**）
$$SL_n(\mathbb{C}) = \{A \in GL_n(\mathbb{C}) \mid \det A = 1\}$$
$$O(n) = \{A \in GL_n(\mathbb{R}) \mid {}^t\!AA = E_n\}$$
（**直交群**）
$$SO(n) = \{A \in O(n) \mid \det A = 1\}$$
（**特殊直交群**）
$$U(n) = \{A \in GL_n(\mathbb{C}) \mid {}^t\overline{A}A = E_n\}$$
（**ユニタリ群**）
$$SU(n) = \{A \in U(n) \mid \det A = 1\}$$
（**特殊ユニタリ群**）

> $n$ 次正方行列 $A$ に対して，$\det A$ は $A$ の行列式を表す（$n$ 次正方行列の行列式の定義は線形代数の教科書を参照してほしい）．${}^t\!A$ は $A$ の転置行列（行と列を逆にした行列），$\overline{A}$ はすべての成分の複素共役をとった行列を表す（図 6.9）．$E_n$ は $n$ 次単位行列を表す．転置行列は $A^T$ と表されることもある．

$$
{}^t\begin{pmatrix} 1 & 2 & 3 \\ 4 & 5 & 6 \\ 7 & 8 & 9 \end{pmatrix} = \begin{pmatrix} 1 & 4 & 7 \\ 2 & 5 & 8 \\ 3 & 6 & 9 \end{pmatrix}, \qquad \overline{\begin{pmatrix} 1-i & -4i \\ 2i & 2+3i \end{pmatrix}} = \begin{pmatrix} 1+i & 4i \\ -2i & 2-3i \end{pmatrix}
$$

**図 6.9**　${}^tA$, $\overline{A}$ の例（$i$ は虚数単位）

一般線形群とその部分群はまとめて**行列群**とよばれる．中でも，$SO(n)$ や $O(n)$ は，$n$ 次元空間 $\mathbb{R}^n$ での座標変換に関わる重要な群である．たとえば，$n=2$ の場合，$SO(2)$ は $xy$ 座標系を原点を中心に回転させる変換全体に対応し（問題 6.3），$O(2)$ は $xy$ 座標系の回転と座標軸の入れ替えを組み合わせてできる変換全体に対応する（図 6.10）．

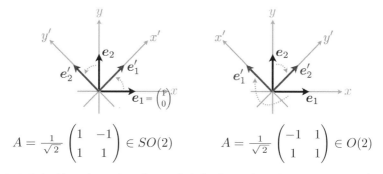

$$
A = \frac{1}{\sqrt{2}}\begin{pmatrix} 1 & -1 \\ 1 & 1 \end{pmatrix} \in SO(2) \qquad A = \frac{1}{\sqrt{2}}\begin{pmatrix} -1 & 1 \\ 1 & 1 \end{pmatrix} \in O(2)
$$

$A$ は $(\boldsymbol{e}'_1\ \boldsymbol{e}'_2) = (\boldsymbol{e}_1\ \boldsymbol{e}_2)A$ をみたす変換（$\boldsymbol{e}_i$, $\boldsymbol{e}'_i$ は長さ 1 のベクトル）．
$x'y'$ 座標系での座標に $A$ をかけると $xy$ 座標系での座標になる．

**図 6.10**　$SO(2)$ と $O(2)$ の元による座標変換の例

座標変換を表す行列について，ここでは詳しく述べない．詳しくは線形代数の教科書を参照してほしい．

同様に，$SO(3)$ の元は $xyz$ 座標系を原点を中心に回転させる座標変換，$O(3)$ の元は $xyz$ 座標系から別の直交座標系（座標軸同士が直交している座標系）への座標変換で長さを変えない変換に対応する．

$U(n)$, $SU(n)$ は，$O(n)$, $SO(n)$ の成分を複素数にしたものであるが，これらも物理学の素粒子理論などで用いられる重要な群である．

**演習問題**

問題 6.1

3 次二面体群 $D_3 = \{e, r, r^2, f, fr, fr^2\}$ $(r^3 = f^2 = e, rf = fr^2)$ について，以下の問いに答えよ．

(1)　群表をつくれ．

(2)　すべての元の位数を求めよ．

(3)　$D_3$ のすべての部分群を求めよ．


問題 6.2

4 次二面体群 $D_4 = \{e, r, r^2, r^3, f, fr, fr^2, fr^3\}$ $(r^4 = f^2 = e, rf = fr^3)$ について，以下の問いに答えよ．

(1)　群表をつくれ．

(2)　すべての元の位数を求めよ．

(3)　$D_4$ のすべての部分群を求めよ．


問題 6.3

行列のつくる群 $O(2)$, $SO(2)$, $U(1)$ について以下の問いに答えよ．ただし，$\mathbb{C}^*$ は 0 でない複素数全体のなす群 (演算は複素数の掛け算) である．また，以下では，$GL_2(\mathbb{R})$, $\mathbb{C}^*$ が群であることは認めてよい．

(1)　$O(2)$, $SO(2)$ は，$GL_2(\mathbb{R})$ の部分群であることを示せ．

(2)　$U(1)$ は $\mathbb{C}^*$ の部分群であることを示せ．

(3)　$SO(2) = \left\{ \begin{pmatrix} \cos\theta & -\sin\theta \\ \sin\theta & \cos\theta \end{pmatrix} \middle| 0 \leqq \theta < 2\pi \right\}$ を示せ．

# 第 7 章

# 群論への橋渡し

本章では，群の締めくくりとして，
$\mathbb{Z}/n\mathbb{Z}$ を剰余群としてとらえる見方や
そこで大切になる種々の概念，および，
群の構造を比較するための道具である
準同型写像や同型の概念を紹介すると
ともに，群論で基本となる定理をい
くつか紹介する．

**本章での主な学習内容** ——————
剰余類，正規部分群，剰余群，準同型
写像，同型，ラグランジュの定理，群
の準同型定理，ケーリーの定理．

# 7.1 剰余類と剰余群

第 2 章で $\mathbb{Z}/n\mathbb{Z}$ という記号を導入した. $\mathbb{Z}/n\mathbb{Z}$ についてはこれまで, $n$ で割った余りが等しい整数を同じものとみなした集合であり, 足し算して $n$ で割った余りをとる操作がここでの二項演算であると説明してきた. ここでは, $\mathbb{Z}/n\mathbb{Z}$ を「剰余類」という概念を用いて代数学的にきちんととらえ直すことにしたい. 剰余類の考え方を用いると, ラグランジュの定理（有限群 $G$ の部分群の位数は $G$ の位数の約数である）の証明を与えることができる. さらに, $\mathbb{Z}/n\mathbb{Z}$ を一般化したものとして, 剰余群 $G/H$ を考えることができるようになる.

## ■ 7.1.1 剰余類

---

**定義**

$G$ を群, $H$ を $G$ の部分群とするとき, $g \in G$ に対して,

$$\{gh \mid h \in H\}$$

で定まる集合を $G$ の $H$ による**左剰余類**といい, $gH$ で表す.

---

$\{hg \mid h \in H\}$ を**右剰余類**といい, $Hg$ で表す. 「右」「左」は, $g$ を $H$ の元の左右どちらから「掛けた」ものかを表している. $G$ がアーベル群のときは $gH = Hg$ であり, 左右を区別する意味はないので, 単に**剰余類**という.

群 $G$ が, その二項演算が ＋ で表されるアーベル群であるとき, 部分群 $H$ による剰余類は $g + H = \{g + h \mid h \in H\}$ で表される.

剰余類 $gH$, $Hg$ に含まれる元の個数を $|gH|$, $|Hg|$ で表すと, $G$ が有限群ならば, 任意の $g \in G$ について $|gH| = |Hg| = |H|$ である. ただし, これは元の個数についてのみ成り立つことであり, 集合の間の等式

ではないことに注意しよう．また，剰余類は一般に $G$ の部分集合であって，部分群ではないことにも注意しよう．部分群になるのは $H$ と一致する場合のみであり，それ以外の場合は単位元を含まないので部分群にはならない (例 7.1, 7.2, 7.3 参照)．

**例 7.1**　群 $\mathbb{Z}$ の部分群 $3\mathbb{Z} = \{3k \mid k \in \mathbb{Z}\}$ に対して，$g = 0, 1, 2, 5, -2$ から定まる $\mathbb{Z}$ の $3\mathbb{Z}$ による剰余類を求めると，次のようになる．

$$0 + 3\mathbb{Z} = \{0 + h \mid h \in 3\mathbb{Z}\} = \{0 + 3k \mid k \in \mathbb{Z}\}$$
$$1 + 3\mathbb{Z} = \{1 + h \mid h \in 3\mathbb{Z}\} = \{1 + 3k \mid k \in \mathbb{Z}\}$$
$$2 + 3\mathbb{Z} = \{2 + h \mid h \in 3\mathbb{Z}\} = \{2 + 3k \mid k \in \mathbb{Z}\}$$
$$5 + 3\mathbb{Z} = \{5 + h \mid h \in 3\mathbb{Z}\} = \{5 + 3k \mid k \in \mathbb{Z}\}$$
$$-2 + 3\mathbb{Z} = \{-2 + h \mid h \in 3\mathbb{Z}\} = \{-2 + 3k \mid k \in \mathbb{Z}\}$$

$5 + 3k = 2 + 3(k+1)$ に注意すると，$5 + 3\mathbb{Z} = 2 + 3\mathbb{Z}$ である．同様に，$-2 + 3k = 1 + 3(k-1)$ より，$-2 + 3\mathbb{Z} = 1 + 3\mathbb{Z}$ である．

**例 7.2**　$G = \langle g \rangle$ を位数 12 の巡回群とする．$G$ の部分群 $H = \langle g^4 \rangle$ に対して，$g, g^2, g^5, g^6$ から定まる $G$ の $H$ による剰余類を求めてみよう．$H = \{e, g^4, g^8\}$ であることに注意すると，次が得られる．

$$gH = \{g \cdot e, \, g \cdot g^4, \, g \cdot g^8\} = \{g, \, g^5, \, g^9\}$$
$$g^2H = \{g^2 \cdot e, \, g^2 \cdot g^4, \, g^2 \cdot g^8\} = \{g^2, \, g^6, \, g^{10}\}$$
$$g^5H = \{g^5 \cdot e, \, g^5 \cdot g^4, \, g^5 \cdot g^8\} = \{g^5, \, g^9, \, g\} = gH$$
$$g^6H = \{g^6 \cdot e, \, g^6 \cdot g^4, \, g^6 \cdot g^8\} = \{g^6, \, g^{10}, \, g^2\} = g^2H$$

**例 7.3**　$G$ を 3 次対称群とし，$\sigma = (1\,2\,3), \tau = (1\,2)$ とおくと，

$$G = \{\varepsilon, \sigma, \sigma^2, \tau, \tau\sigma, \tau\sigma^2\} \qquad (\varepsilon \text{ は単位元})$$

である (問題 5.6)．$H$ を $\sigma$ が生成する $G$ の位数 3 の巡回部分群とする．このとき，$\tau, \tau\sigma$ から定まる $G$ の $H$ による左剰余類を求めてみよう．$H = \{\varepsilon, \sigma, \sigma^2\}$ であることに注意すると，次が得られる．

$$\tau H = \{\tau, \tau\sigma, \tau\sigma^2\}$$
$$(\tau\sigma)H = \{\tau\sigma, \tau\sigma^2, \tau\} = \tau H$$

前ページの三つの例でみたように，$g_1, g_2 \in G$ に対して，$g_1 \neq g_2$ であっても，それらの剰余類 $g_1 H$，$g_2 H$ が同じ集合になることがある．剰余類同士がいつ同じ集合になるか，また，互いに異なる剰余類がどのような関係にあるかについて，次の定理が成り立つ．

---

**定理 7.1**

$G$ を群，$H$ を $G$ の部分群とする．このとき，$G$ の $H$ による左剰余類について以下が成り立つ．

1.　$g_1 H \neq g_2 H \Longrightarrow g_1 H \cap g_2 H = \varnothing$

2.　$g_1 H = g_2 H \Longleftrightarrow g_2^{-1} g_1 \in H$

---

**証明**

　1 を対偶により示す．$g_1 H \cap g_2 H \neq \varnothing$ であるとする．$g \in g_1 H \cap g_2 H$ とすると，$g = g_1 h_1 = g_2 h_2 \ (h_1, h_2 \in H)$ と表せる．このとき，$g_1 h_1 = g_2 h_2$ より，$g_1 = g_2 h_2 h_1^{-1}$ である．$h_2 h_1^{-1} \in H$ より $(h_2 h_1^{-1}) H = H$ であることに注意すると，次が得られる．

$$g_1 H = (g_2 h_2 h_1^{-1}) H = g_2 (h_2 h_1^{-1} H) = g_2 H$$

　次に 2 を示す．$g_1 H = g_2 H$ ならば，$g_1 \in g_1 H = g_2 H$ より，$g_1 = g_2 h \ (h \in H)$ と表せるので，$g_2^{-1} g_1 = h \in H$ である．逆に，$g_2^{-1} g_1 \in H$ ならば，$g_2^{-1} g_1 = h \ (h \in H)$ と表せるので，$g_1 = g_2 h$ となる．$hH = H$ に注意すると，$g_1 H = (g_2 h) H = g_2 (hH) = g_2 H$ が得られる．

---

**例 7.4**　$\mathbb{Z}$ の $3\mathbb{Z}$ による剰余類を求めてみよう．定理 7.1 より，

$$m + 3\mathbb{Z} = n + 3\mathbb{Z} \Longleftrightarrow m - n \in 3\mathbb{Z}$$

が成り立つ．$m$ を任意の整数とし，$m$ を 3 で割った余りを $r$ とおく

と, $m = 3q + r$ ($q$ は整数) と表せるので, $m - r = 3q \in 3\mathbb{Z}$ より, $m + 3\mathbb{Z} = r + 3\mathbb{Z}$ である. 整数を 3 で割った余りは, $0, 1, 2$ のいずれかであるから, すべての相異なる剰余類は

$$0 + 3\mathbb{Z}, \ 1 + 3\mathbb{Z}, \ 2 + 3\mathbb{Z}$$

で与えられることがわかる.

**例 7.5** $\mathbb{Z}$ の $n\mathbb{Z}$ ($n$ は 2 以上の整数) による剰余類についても, 例 7.4 と同様に考えれば, すべての相異なる剰余類は,

$$0 + n\mathbb{Z}, \ 1 + n\mathbb{Z}, \ 2 + n\mathbb{Z}, \ \ldots, \ (n-1) + n\mathbb{Z}$$

で与えられる.

---

**定義**

$G$ を群, $H$ を $G$ の部分群とする. $G$ の $H$ による左剰余類全体の集合を $G/H$ で表す.

$$G/H = \{gH \mid g \in G\}$$

---

$G/H$ に含まれる元の個数 (すなわち, すべての相異なる剰余類の個数) を $|G/H|$ で表すと, $G$ が有限群のとき, $|G/H| \leqq |G|$ である.

右剰余類全体の集合は $H \backslash G$ で表される.

**例 7.6** 例 7.4 より, $|\mathbb{Z}/3\mathbb{Z}| = 3$ であり, $Z/3\mathbb{Z}$ は次のように表せる.

$$\mathbb{Z}/3\mathbb{Z} = \{0 + 3\mathbb{Z}, 1 + 3\mathbb{Z}, 2 + 3\mathbb{Z}\}$$

**例 7.7** 例 7.5 より, $|\mathbb{Z}/n\mathbb{Z}| = n$ であり, $Z/n\mathbb{Z}$ は次のように表せる.

$$\mathbb{Z}/n\mathbb{Z} = \{0 + n\mathbb{Z}, 1 + n\mathbb{Z}, 2 + n\mathbb{Z}, \ldots, (n-1) + n\mathbb{Z}\}$$

## ■7.1.2　ラグランジュの定理

---

> ### 定理 7.2　　(ラグランジュの定理)
> 有限群 $G$ とその部分群 $H$ について，次が成り立つ．
> $$|G/H| = \frac{|G|}{|H|}$$
> とくに，$|H|$ は $|G|$ の約数である．

---

**証明**

　任意の $g \in G$ に対して $g \in gH$ より，$G \subset \bigcup_{g \in G} gH$ である．一方，$gH \subset G$ より，$\bigcup_{g \in G} gH \subset G$ であるから，$G = \bigcup_{g \in G} gH$ が得られる．相異なる左剰余類の個数を $k$ とおく（すなわち，$|G/H| = k$ とおく）．$g_1 H, g_2 H, \ldots, g_k H$ を相異なるすべての左剰余類とすると，$\bigcup_{g \in G} gH = g_1 H \cup g_2 H \cup \cdots \cup g_k H$ であるから，$G = \bigcup_{i=1}^{k} g_i H$ と表せる．$|g_i H| = |H|$ であり，また，$i \neq j$ に対して，定理 7.1 より $g_i H \cap g_j H = \varnothing$ であるから，次が得られる．

$$|G| = \left| \bigcup_{i=1}^{k} g_i H \right| = \sum_{i=1}^{k} |g_i H| = k|H|$$

よって，$|G| = |G/H||H|$ と表せるので，$|G/H| = \frac{|G|}{|H|}$ である．$|G/H|$ は整数であるから，とくに $|H|$ は $|G|$ の約数である．

---

　　$\bigcup_{g \in G} gH$ は，すべての $g \in G$ について $gH$ の和集合をとることを意味する．$\bigcup_{i=1}^{k} g_i H$ は $g_1 H, g_2 H, \ldots, g_k H$ の和集合を意味する．

　ラグランジュの定理の証明は，有限群 $G$ がその部分群 $H$ の左剰余類によって，互いに交わりのない部分集合に分割されることを示している．

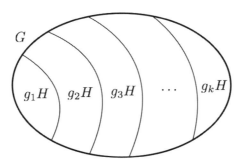

**図 7.1** 有限群 $G$ は互いに交わりのない剰余類によって分割される

　ラグランジュの定理から，有限群 $G$ の部分群は，位数が $|G|$ の約数であるものしか存在しないことがわかる．ただし，ラグランジュの定理は，$|G|$ の約数 $n$ に対して，位数 $n$ の部分群が存在するとは主張していないことに注意しよう．実際，一般には，$|G|$ の約数に対して，それを位数にもつ部分群がないこともある．

ラグランジュの定理から，元の位数も群の位数の約数になることがわかる．

---

**定理 7.3**

　有限群 $G$ の任意の元 $g$ について，$g$ の位数は $|G|$ の約数である．

---

**証明**

　$H = \langle g \rangle$ とおくと，$H$ は $G$ の部分群であり，定理 3.2（33 ページ）より，$|H| = \mathrm{ord}\, g$ である．定理 7.2 より，$|H|$ は $|G|$ の約数であるから，$\mathrm{ord}\, g$ は $|G|$ の約数である．

### ■7.1.3　正規部分群と剰余群

　例 7.7（85 ページ）で，$\mathbb{Z}/n\mathbb{Z}$ を $\mathbb{Z}$ の $n\mathbb{Z}$ による剰余類の集合として
とらえ直したが，ここではさらに，$\mathbb{Z}/n\mathbb{Z}$ の群構造を剰余類の観点から
とらえ直してみたい．第 2 章でみたように，法 $n$ のもとでの足し算は，

$$\begin{bmatrix} n \text{ で割ると} \\ \bigcirc \text{ 余る数} \end{bmatrix} + \begin{bmatrix} n \text{ で割ると} \\ \triangle \text{ 余る数} \end{bmatrix} = \begin{bmatrix} n \text{ で割ると} \\ \square \text{ 余る数} \end{bmatrix}$$

という形の法則に対応していた．ここでの□は，$\bigcirc + \triangle$ を $n$ で割った
余りであることから，$(\bigcirc + \triangle) + n\mathbb{Z} = \square + n\mathbb{Z}$ であることに注意する
と，上のことは剰余類のことばで次のように言い換えることができる．

$$[\, \bigcirc + n\mathbb{Z} \text{ の元} \,] + [\, \triangle + n\mathbb{Z} \text{ の元} \,] = [\, (\bigcirc + \triangle) + n\mathbb{Z} \text{ の元} \,]$$

この例をみると，剰余類の元同士の演算結果がある特定の剰余類に入る
性質を用いて，剰余類同士の演算を自然に定めることができそうにみえ
る．しかし，実はこのようなことは一般にはうまくいかず，$\mathbb{Z}/n\mathbb{Z}$ の場
合には $\mathbb{Z}$ と $n\mathbb{Z}$ の間にある特別な関係が成り立つためにうまくいくので
ある．その特別な関係とは次のようなものである．

---

**定義**

　群 $G$ の部分群 $H$ が次の条件をみたすとき，$H$ は $G$ の**正規部分
群**であるという．

　　任意の $g \in G$ に対して，　$gHg^{-1} = H$ が成り立つ．$\cdots\cdots(*)$

$H$ が $G$ の正規部分群であるとき，$H \triangleleft G$ と表す．

---

　　$gHg^{-1}$ は，$gHg^{-1} = \{ghg^{-1} \,|\, h \in H\}$ で定まる集合である．

　　上の定義の条件 $(*)$ の $gHg^{-1} = H$ を，$gH = Hg$ あるいは $gHg^{-1} \subset$
$H$ と置き換えたものも $(*)$ と同値な条件である（問題 7.3）．

　　アーベル群は任意の元 $g, h$ について $ghg^{-1} = h$ であるから，アーベ
ル群のすべての部分群は正規部分群である．

> **定理 7.4**
>
> $G$ を群，$H$ を $G$ の部分群とする．このとき，$g_1 H \cdot g_2 H = (g_1 g_2)H$ を二項演算として $G/H$ が群になるための必要十分条件は，$H$ が $G$ の正規部分群であることである．

**証明**

　**[必要性]** $G/H$ が $g_1 H \cdot g_2 H = (g_1 g_2)H$ を二項演算として群になっているとすると，二項演算は剰余類の表し方によらず定まっている．ここでとくに $H$ と $gH$ を考えると，任意の $h \in H$ に対して，$(hg)H = hH \cdot gH = H \cdot gH = eH \cdot gH = (eg)H = gH$ であるから，定理 7.1 の 2（84 ページ）より $g^{-1}hg \in H$ が得られる．$h \in H$ は任意であったから，$g^{-1}Hg \subset H$ である．このことは任意の $g$ について成り立つので，$g$ を $g^{-1}$ に取り替えた $gHg^{-1} \subset H$ も任意の $g$ に対して成り立つ．よって，$H \triangleleft G$ である．

　**[十分性]** $H \triangleleft G$ とする．$g_1 H \cdot g_2 H = (g_1 g_2)H$ が二項演算を定めることを示す．$g_1 H$，$g_2 H$ と等しい剰余類はそれぞれ $(g_1 h_1)H$，$(g_2 h_2)H$（$h_1, h_2 \in H$）と表せる（定理 7.1）．$H \triangleleft G$ より $Hg_2 = g_2 H$ であるので，$h_1 g_2 = g_2 h_1'$ となる $h_1' \in H$ がある．よって，

$$(g_1 h_1)(g_2 h_2)H = g_1(g_2 h_1')h_2 H = (g_1 g_2)(h_1' h_2 H) = (g_1 g_2)H$$

となり，剰余類の表し方によらず一通りに定まるので，$g_1 H \cdot g_2 H = (g_1 g_2)H$ は $G/H$ の二項演算を定める．あとは，群の三つの条件（18 ページ）が成り立つことを示せばよいが，結合法則については，

$$(g_1 H \cdot g_2 H) \cdot g_3 H = ((g_1 g_2)g_3)H$$
$$= (g_1(g_2 g_3))H = (g_1 H) \cdot (g_2 H \cdot g_3 H)$$

より示される．単位元が $H$ であること，任意の $gH$ に対して $g^{-1}H$ が逆元になることも容易に示される．よって，$G/H$ は群である．

---

**定義**

　群 $G$ の正規部分群 $H$ に対して，$g_1 H \cdot g_2 H = (g_1 g_2) H$ を二項演算として定まる群 $G/H$ を，$G$ の $H$ による**剰余群**という．剰余群の元 $gH$ はしばしば $\bar{g}$ と表される．$gH$ を $\bar{g}$ で表すとき，二項演算は $\overline{g_1} \cdot \overline{g_2} = \overline{g_1 \cdot g_2}$ で表される．

---

**例 7.8**　$\mathbb{Z}$ はアーベル群であるから，$3\mathbb{Z}$ は $\mathbb{Z}$ の正規部分群である．よって，$\mathbb{Z}/3\mathbb{Z}$ は $\mathbb{Z}$ の $3\mathbb{Z}$ による剰余群になる．その二項演算は，$\bar{i} + \bar{j} = \overline{i+j}$ によって定まり，群表は次のようになる．

|   | $\bar{0}$ | $\bar{1}$ | $\bar{2}$ |
|---|---|---|---|
| $\bar{0}$ | $\bar{0}$ | $\bar{1}$ | $\bar{2}$ |
| $\bar{1}$ | $\bar{1}$ | $\bar{2}$ | $\bar{0}$ |
| $\bar{2}$ | $\bar{2}$ | $\bar{0}$ | $\bar{1}$ |

この表は例 2.9（20 ページ）の $\mathbb{Z}/3\mathbb{Z}$ の群表と同じである．第 2 章では $\bar{i}$ を「数」とみていたのに対して，ここでは 3 で割った余りが $i$ と同じ数全体のなす剰余類 $i + 3\mathbb{Z}$ という集合とみている点だけが違っているが，群の演算結果は全く同じである．一般の $\mathbb{Z}/n\mathbb{Z}$ もこれと同じようにして，剰余群としてとらえ直すことができる．

**例 7.9**　$G = \langle g \rangle$ を位数 12 の巡回群とし，$H = \langle g^4 \rangle$ とする．巡回群はアーベル群であるから，$H \lhd G$ であり，剰余群 $G/H$ が得られる．ラグランジュの定理より，$|G/H| = \frac{|G|}{|H|} = \frac{12}{3} = 4$ であり，$G/H = \{\bar{e}, \bar{g}, \overline{g^2}, \overline{g^3}\}$ と表せる．また，群表は次のようになる．

|   | $\bar{e}$ | $\bar{g}$ | $\overline{g^2}$ | $\overline{g^3}$ |
|---|---|---|---|---|
| $\bar{e}$ | $\bar{e}$ | $\bar{g}$ | $\overline{g^2}$ | $\overline{g^3}$ |
| $\bar{g}$ | $\bar{g}$ | $\overline{g^2}$ | $\overline{g^3}$ | $\bar{e}$ |
| $\overline{g^2}$ | $\overline{g^2}$ | $\overline{g^3}$ | $\bar{e}$ | $\bar{g}$ |
| $\overline{g^3}$ | $\overline{g^3}$ | $\bar{e}$ | $\bar{g}$ | $\overline{g^2}$ |

よって，$\overline{g^i} = \bar{g}^i$ であり，$G/H = \langle \bar{g} \rangle$，すなわち，$G/H$ は $\bar{g}$ が生成する位数 4 の巡回群であることがわかる．

**例 7.10** $G = S_3$ とし，$\sigma = (1\ 2\ 3)$, $\tau = (1\ 2)$ とすると，

$$G = \{\varepsilon, \sigma, \sigma^2, \tau, \tau\sigma, \tau\sigma^2\}, \quad \mathrm{ord}\,\sigma = 3, \mathrm{ord}\,\tau = 2, \sigma\tau = \tau\sigma^2$$

と表せる．$H_1 = \langle\sigma\rangle = \{\varepsilon, \sigma, \sigma^2\}$, $H_2 = \langle\tau\rangle = \{\varepsilon, \tau\}$ とおくと，$G/H_1 = \{\overline{\varepsilon}, \overline{\tau}\}$, $G/H_2 = \{\overline{\varepsilon}, \overline{\sigma}, \overline{\sigma^2}\}$ である．

$H_1$ については，$(\tau\sigma^i)^{-1} = \sigma^{-i}\tau^{-1}$ と $\tau^{-1} = \tau$ に注意すると，

$$\sigma^i\sigma^j\sigma^{-i} = \sigma^{i+j-i} = \sigma^j \in H_1,$$

$$(\tau\sigma^i)\sigma(\tau\sigma^i)^{-1} = \tau\sigma\tau^{-1} = \tau(\sigma\tau) = \tau(\tau\sigma^2) = \sigma^2 \in H_1,$$

$$(\tau\sigma^i)\sigma^2(\tau\sigma^i)^{-1} = \tau\sigma^2\tau^{-1} = (\tau\sigma^2)\tau = (\sigma\tau)\tau = \sigma \in H_1$$

となることより，$H_1 \triangleleft G$ であることがわかるので，$G/H_1$ は剰余群になる．その群表は次のようになる．

|  | $\overline{\varepsilon}$ | $\overline{\tau}$ |
|---|---|---|
| $\overline{\varepsilon}$ | $\overline{\tau}$ | $\overline{\varepsilon}$ |
| $\overline{\tau}$ | $\overline{\varepsilon}$ | $\overline{\tau}$ |

これより，$G/H_1 = \langle\overline{\tau}\rangle$, すなわち，$\overline{\tau}$ が生成する位数 2 の巡回群であることがわかる．

一方，$\sigma\tau\sigma^{-1} = \tau\sigma^2\sigma^{-1} = \tau\sigma \notin H_2 = \{\varepsilon, \tau\}$ より，$H_2$ は $G$ の正規部分群ではなく，$G/H_2$ は群にならない．実際，$\overline{\varepsilon} = \overline{\tau}$ に対して，$\overline{\varepsilon \cdot \sigma} = \overline{\sigma}, \overline{\tau \cdot \sigma} = \overline{\sigma^2\tau} = \overline{\sigma^2} \neq \overline{\sigma}$ となり，二項演算が定まらない．

# 7.2 群の構造を比べる

## ■ 7.2.1 準同型と同型

例 4.2（49 ページ）や定理 4.4（50 ページ）が示しているように，巡回群の直積が再び巡回群としての構造をもつことがある．このようにみた

目の異なる二つの群が群として同じ構造をもつとき，二つの群は**同型で**あるという言い方をする．群の同型の概念は次のように定式化される．

---

**定義**

1. 群 $G$ から群 $H$ への写像 $f : G \to H$ が，任意の $g_1, g_2 \in G$ に対して，$f(g_1 \cdot g_2) = f(g_1) \cdot f(g_2)$ をみたすとき，$f$ を群 $G$ から群 $H$ への**準同型写像**という．

2. 準同型写像 $f$ が全単射であるとき，$f$ を**同型写像**という．

3. 群 $G$ と群 $H$ の間に同型写像 $f : G \to H$ があるとき，$G$ と $H$ は**同型**であるといい，$G \cong H$ と表す．

---

　　$f : G \to H$ が群の準同型写像ならば，$f(e) = e'$（$e$ は $G$，$e'$ は $H$ の単位元），$f(x^{-1}) = f(x)^{-1}$（$x$ は $G$ の任意の元）である（問題 7.5）．

**例 7.11**　写像 $\psi_n : \mathbb{Z} \to \mathbb{Z}/n\mathbb{Z}$ $(n \geq 2)$ を，$\psi_n(x) = \overline{x} \in \mathbb{Z}/n\mathbb{Z}$ で定まる写像とする．合同演算の性質から，任意の $x, y \in \mathbb{Z}$ に対して，$\overline{x+y} = \overline{x} + \overline{y}$ であるので，$\psi_n$ は準同型写像である．

**例 7.12**　$m, n$ を 2 以上の整数とし，$m$ は $n$ の約数であるとする．整数 $x$ に対して，$\overline{x} \in \mathbb{Z}/n\mathbb{Z}$ を $[x]_n$，$\overline{x} \in \mathbb{Z}/m\mathbb{Z}$ を $[x]_m$ で表すとき，写像 $\psi_{n,m} : \mathbb{Z}/n\mathbb{Z} \to \mathbb{Z}/m\mathbb{Z}$ を，$\psi_{n,m}([x]_n) = [x]_m$ で定める．このとき，$[x]_n, [y]_n \in \mathbb{Z}/n\mathbb{Z}$ に対して，

$$\psi_{n,m}([x]_n) + \psi_{n,m}([y]_n) = [x]_m + [y]_m$$
$$= [x+y]_m = \psi_{n,m}([x+y]_n)$$

より，$\psi_{n,m}$ は準同型写像である．

　　$\psi_n$ は整数 $x$ に対して $x$ を $n$ で割った余りを対応させる写像，$\psi_{n,m}$ は $\overline{x} \in \mathbb{Z}/n\mathbb{Z}$ に対して $x$ を $m$ で割った余りを対応させる写像と思えばよい．写像 $\psi_{n,m}$ が定まるためには，$m|n$ が必要である．

**例 7.13** 任意の群 $G$, $H$ に対して，$G \times H \cong H \times G$ が成り立つ．$f : G \times H \to H \times G$ を，$(x, y) \in G \times H$ に対して $f((x, y)) - (y, x)$ で定義すると，つくり方から明らかに $f$ は全単射であり，また，

$$f((x, y) \cdot (x', y')) = f((xx', yy')) = (yy', xx')$$

$$f((x, y)) \cdot f((x', y')) = (y, x) \cdot (y', x') = (yy', xx')$$

より $f$ は準同型写像である．よって，$f$ は同型写像である．

**例 7.14** 2 以上の整数 $n$，自然対数の底 $e$，虚数単位 $i$ に対して，

$$G = \mathbb{Z}/n\mathbb{Z}, \ H = \left\{ e^{\frac{2\pi i k}{n}} \ \middle| \ k = 0, 1, 2, \ldots, n-1 \right\}$$

とすると，$G \cong H$ である．写像 $f : G \to H$ を

$$f(\overline{k}) = e^{\frac{2\pi i k}{n}} \quad (k = 0, 1, 2, \ldots, n-1)$$

で定めると，$\mathbb{Z}/n\mathbb{Z} = \{\overline{0}, \overline{1}, \ldots, \overline{n-1}\}$ より，$f$ は $G$ から $H$ への全単射を与える．さらに，$j + k \equiv \ell \pmod{n}$ となる $\ell \in \{0, 1, \ldots, n-1\}$ に対して，$e^{\frac{2\pi i (j+k)}{n}} = e^{\frac{2\pi i \ell}{n}}$ であることから，次が得られる．

$$
\begin{aligned}
f(\overline{j} + \overline{k}) &= f(\overline{\ell}) & & (j + k \equiv \ell \pmod{n} \text{ より}) \\
&= e^{\frac{2\pi i \ell}{n}} & & (f \text{ の定義より}) \\
&= e^{\frac{2\pi i (j+k)}{n}} & & (e^{\frac{2\pi i (j+k)}{n}} = e^{\frac{2\pi i \ell}{n}} \text{ より}) \\
&= e^{\frac{2\pi i j}{n}} e^{\frac{2\pi i k}{n}} & & (\text{指数法則より}) \\
&= f(\overline{j}) \cdot f(\overline{k}) & & (f \text{ の定義より})
\end{aligned}
$$

よって，$f$ は全単射かつ準同型写像なので同型写像である．

**例 7.15** $G$, $H$, $Z$ をそれぞれ位数 2, 3, 6 の巡回群とすると，$Z \cong G \times H$ である．$G = \langle g \rangle$, $H = \langle h \rangle$, $Z = \langle z \rangle$ と表すと，$\mathrm{ord}\, g = 2$, $\mathrm{ord}\, h = 3$, $\mathrm{ord}\, z = 6$ である．$G, H, Z$ の単位元をそれぞれ $e, e', e''$ で表す．ここで，$Z$ から $G \times H$ への写像 $f$ を

$$f(z^i) = (g^i, h^i) \quad (i = 0, 1, 2, 3, 4, 5)$$

で定めると，$(g^0, h^0) = (e, e')$, $(g^1, h^1) = (g, h)$, $(g^2, h^2) = (e, h^2)$, $(g^3, h^3) = (g, e')$, $(g^4, h^4) = (e, h)$, $(g^5, h^5) = (g, h^2)$ より，$f$ は全単射である．さらに，任意の $i, j$ に対して，

$$
\begin{aligned}
f(z^i \cdot z^j) &= f(z^{i+j}) & (\text{指数法則より}) \\
&= (g^{i+j}, h^{i+j}) & (f \text{ の定義より}) \\
&= (g^i \cdot g^j, h^i \cdot h^j) & (\text{指数法則より}) \\
&= (g^i, h^i) \cdot (g^j, h^j) & (G \times H \text{ の二項演算の定義より}) \\
&= f(z^i) \cdot f(z^j) & (f \text{ の定義より})
\end{aligned}
$$

であるから，$f$ は準同型写像である．よって，$f$ は全単射かつ準同型写像なので同型写像である．

■ **7.2.2　準同型定理**

---

**定理 7.5**

$f$ を群 $G$ から群 $H$ への準同型写像とし，

$$\mathrm{Ker}\, f = \{g \in G \,|\, f(g) = e\},\ \mathrm{Im}\, f = \{f(g) \in H \,|\, g \in G\}$$

とおく（ただし，$e$ は $H$ の単位元）．このとき，次が成り立つ．

1. $\mathrm{Ker}\, f$ は $G$ の正規部分群である．

2. $\mathrm{Im}\, f$ は $H$ の部分群である．

3. 剰余群 $G/\mathrm{Ker}\, f$ と $\mathrm{Im}\, f$ は，$\overline{f}(\overline{g}) = f(g)$ によって定義される写像 $\overline{f}$ により同型になる．（**準同型定理**）

$$G/\mathrm{Ker}\, f \cong \mathrm{Im}\, f$$

---

**証明**

　1を示す. まず, 部分群であることを示す. $\mathrm{Ker}\,f \subset G$ は明らかである. 任意の $x, y \in \mathrm{Ker}\,f$ に対して, $f(xy) = f(x)f(y) = e \cdot e = e$ かつ $f(x^{-1}) = f(x)^{-1} = e^{-1} = e$ より, $xy \in \mathrm{Ker}\,f$ かつ $x^{-1} \in \mathrm{Ker}\,f$ である. よって, 定理 3.1 (30 ページ) より, $\mathrm{Ker}\,f$ は $G$ の部分群である. 次に正規部分群であることを示す. 任意の $x \in \mathrm{Ker}\,f$ と $g \in G$ に対して, $f(gxg^{-1}) = f(g)f(x)f(g)^{-1} = f(g)f(g)^{-1} = e$ より, $gxg^{-1} \in \mathrm{Ker}\,f$ であるから, 任意の $g \in G$ に対して $g(\mathrm{Ker}\,f)g^{-1} \subset \mathrm{Ker}\,f$ が成り立つ. よって, $\mathrm{Ker}\,f \lhd G$ である.

　2を示す. $\mathrm{Im}\,f \subset H$ は明らかである. $f(g), f(h) \in \mathrm{Im}\,f$ に対して, $f(g)f(h) = f(gh) \in \mathrm{Im}\,f$, かつ, $f(g)^{-1} = f(g^{-1}) \in \mathrm{Im}\,f$ である. よって, 定理 3.1 より, $\mathrm{Im}\,f$ は $H$ の部分群である.

　3を示す. まず, $\overline{f}$ が剰余類の表し方によらずに定まることを示す. $\overline{g} = \overline{g'} \in G/\mathrm{Ker}\,f$ とすると, $g^{-1}g' \in \mathrm{Ker}\,f$ であるから (定理 7.1), $g' = gx$ となる $x \in \mathrm{Ker}\,f$ がある. よって, $f(g') = f(gx) = f(g)f(x) = f(g) \cdot e = f(g)$ となり, $\overline{f}$ は剰余類の表し方によらずに定まる. $\overline{f}$ が準同型写像であることは, $\overline{g}, \overline{g'} \in G/\mathrm{Ker}\,f$ に対して,

$$\overline{f}(\overline{g} \cdot \overline{g'}) = \overline{f}(\overline{gg'}) = f(gg') = f(g)f(g') = \overline{f}(\overline{g})\overline{f}(\overline{g'})$$

よりわかる. $\mathrm{Im}\,f$ の定義から $\overline{f}$ は $\mathrm{Im}\,f$ への全射である. $\overline{f}$ の単射性を示すには「$\overline{f}(\overline{g'}) = \overline{f}(\overline{g})$ ならば $\overline{g'} = \overline{g}$」を示せばよい. $\overline{f}(\overline{g'}) = \overline{f}(\overline{g})$ とすると, $\overline{f}$ の定義から $f(g') = f(g)$ であるから, $f(g)^{-1}f(g') = e$ となり, $f$ の準同型性より $f(g^{-1}g') = e$ が得られる. よって, $g^{-1}g' \in \mathrm{Ker}\,f$ となるので, 定理 7.1 から $\overline{g'} = \overline{g}$ である. 以上より, $\overline{f}$ は $\mathrm{Im}\,f$ への同型写像であることが示された.

---

　$\mathrm{Ker}\,f$ を $f$ の**核 (kernel)**, $\mathrm{Im}\,f$ を $f$ の**像 (image)** という.

　群の準同型写像 $f$ が単射であるための必要十分条件を $\mathrm{Ker}\,f$ の条件で与えることができる. 具体的には次が成り立つ (問題 7.5 (3)).

$$f \text{ は単射である} \Longleftrightarrow \mathrm{Ker}\,f = \{e\}$$

定理 7.5 の 3 は「**準同型定理**」とよばれ，群の理論の中で非常に重要な定理である．準同型定理を利用して，いろいろな群の間の関係を知ることができる．

**例 7.16**　$G = \langle g \rangle$ を位数 $n$ の巡回群とする．$f : \mathbb{Z} \to G$ を $f(k) = g^k$ で定めると，$f$ は準同型写像である．$\operatorname{Ker} f = n\mathbb{Z}$，$\operatorname{Im} f = G$ であるから，準同型定理 (定理 7.5 の 3) より，$\mathbb{Z}/n\mathbb{Z} \cong G$ が得られる．このように，一般に位数 $n$ の巡回群は $\mathbb{Z}/n\mathbb{Z}$ と同型である．このことから，位数の等しい巡回群は互いに同型であることもわかる．

**例 7.17**　互いに素な 2 以上の整数 $m, n$ に対して次が成り立つ．

$$\mathbb{Z}/mn\mathbb{Z} \cong \mathbb{Z}/m\mathbb{Z} \times \mathbb{Z}/n\mathbb{Z}$$

$\mathbb{Z}$ から $\mathbb{Z}/m\mathbb{Z} \times \mathbb{Z}/n\mathbb{Z}$ への写像 $\psi$ を，例 7.11 の写像 $\psi_m : \mathbb{Z} \to \mathbb{Z}/m\mathbb{Z}$，$\psi_n : \mathbb{Z} \to \mathbb{Z}/n\mathbb{Z}$ を用いて，$\psi(x) = (\psi_m(x), \psi_n(x))$ で定める（例 7.12 の記号を用いれば $\psi(x) = ([x]_m, [x]_n)$ と表せる）．例 7.11 より，$\psi_m$ と $\psi_n$ は準同型写像であるから，$\psi$ も準同型写像である．$x \in \operatorname{Ker} \psi$ とすると，$\psi(x) = (\psi_m(x), \psi_n(x)) = (\bar{0}, \bar{0})$ であるから，$\psi_m(x) = \bar{0}$ かつ $\psi_n(x) = \bar{0}$ より，$x \equiv 0 \pmod{m}$ かつ $x \equiv 0 \pmod{n}$，すなわち，$m \mid x$ かつ $n \mid x$ である．ここで，$m$ と $n$ は互いに素であるので，$m \mid x$ かつ $n \mid x$ ならば $mn \mid x$ である．よって，$x \in \operatorname{Ker} \psi$ ならば，$x \in mn\mathbb{Z}$ である．一方，$x \in mn\mathbb{Z}$ ならば，$\psi(x) = (\bar{0}, \bar{0})$ は明らかであるから，$\operatorname{Ker} \psi = mn\mathbb{Z}$ である．よって，準同型定理 (定理 7.5 の 3) より，$\mathbb{Z}/mn\mathbb{Z} \cong \operatorname{Im} \psi \subset \mathbb{Z}/m\mathbb{Z} \times \mathbb{Z}/n\mathbb{Z}$ が得られるが，$\mathbb{Z}/mn\mathbb{Z}$ と $\mathbb{Z}/m\mathbb{Z} \times \mathbb{Z}/n\mathbb{Z}$ の位数がともに $mn$ であるので，$\mathbb{Z}/mn\mathbb{Z} \cong \mathbb{Z}/m\mathbb{Z} \times \mathbb{Z}/n\mathbb{Z}$ となる．

**例 7.18**　直円錐の対称性を表す群 $G = \{r_\theta \mid 0 \le \theta < 2\pi\}$（74 ページ）は，$\mathbb{R}/\mathbb{Z}$ と同型な群である．実際，$\mathbb{R}$ から $G$ への写像 $\psi$ を，$\psi(t) = r_{2\pi t}$ で定めると，$\psi$ は群 $\mathbb{R}$(二項演算は $+$) から $G$ への準同型写像であり，$\operatorname{Ker} \psi = \mathbb{Z}$ である．よって，準同型定理より，$\mathbb{R}/\mathbb{Z} \cong G$ が得られる．

### ■ 7.2.3 有限アーベル群の基本定理

定理 4.2 (47 ページ) で示したように，群の直積 $G_1 \times G_2 \times \cdots \times G_n$ が
アーベル群となるための必要十分条件は，$G_1, G_2, \ldots, G_n$ がアーベル群
であることである．巡回群はアーベル群であるから，有限巡回群の有限個
の直積により有限アーベル群が得られるが，実はこの逆もいえる．すなわ
ち，すべての有限アーベル群は巡回群の直積として表すことができる．

---

**定理 7.6** （有限アーベル群の基本定理）

有限アーベル群 $G$ に対して，

$$G \cong \mathbb{Z}/n_1\mathbb{Z} \times \mathbb{Z}/n_2\mathbb{Z} \times \cdots \times \mathbb{Z}/n_k\mathbb{Z}$$

$$n_i \mid n_{i+1} \ (i = 1, 2, \ldots, k - 1)$$

となる 2 以上の整数の組 $(n_1, n_2, \ldots, n_k)$ が一意的に存在する．

---

定理 7.6 の証明は本書のレベルを超えるのでここでは省略する．興味
のある人は群論や代数学の教科書（たとえば，172 ページに挙げた本の
[2] など）を読んでほしい．

**例 7.19** $\mathbb{Z}/2\mathbb{Z} \times \mathbb{Z}/2\mathbb{Z} \times \mathbb{Z}/3\mathbb{Z}$ はアーベル群であるが，定理 7.6 で
示されている形にはなっていない．ここで，例 7.17 より，$\mathbb{Z}/2\mathbb{Z} \times \mathbb{Z}/3\mathbb{Z} \cong \mathbb{Z}/6\mathbb{Z}$ であることに注意すると，

$$\mathbb{Z}/2\mathbb{Z} \times \mathbb{Z}/2\mathbb{Z} \times \mathbb{Z}/3\mathbb{Z} = \mathbb{Z}/2\mathbb{Z} \times (\mathbb{Z}/2\mathbb{Z} \times \mathbb{Z}/3\mathbb{Z})$$

$$\cong \mathbb{Z}/2\mathbb{Z} \times \mathbb{Z}/6\mathbb{Z}$$

が得られる．2|6 であるから，これは定理 7.6 の形になっている．

**例 7.20**  $\mathbb{Z}/4\mathbb{Z} \times \mathbb{Z}/6\mathbb{Z}$ を定理 7.6 の形に表してみよう.

$$\mathbb{Z}/4\mathbb{Z} \times \mathbb{Z}/6\mathbb{Z} \cong \mathbb{Z}/4\mathbb{Z} \times (\mathbb{Z}/2\mathbb{Z} \times \mathbb{Z}/3\mathbb{Z}) \qquad (\text{例 7.17 より})$$
$$= (\mathbb{Z}/4\mathbb{Z} \times \mathbb{Z}/2\mathbb{Z}) \times \mathbb{Z}/3\mathbb{Z}$$
$$\cong (\mathbb{Z}/2\mathbb{Z} \times \mathbb{Z}/4\mathbb{Z}) \times \mathbb{Z}/3\mathbb{Z} \qquad (\text{例 7.13 より})$$
$$= \mathbb{Z}/2\mathbb{Z} \times (\mathbb{Z}/4\mathbb{Z} \times \mathbb{Z}/3\mathbb{Z})$$
$$\cong \mathbb{Z}/2\mathbb{Z} \times \mathbb{Z}/12\mathbb{Z} \qquad (\text{例 7.17 より})$$

$2|12$ であるから,これは定理 7.6 の形になっている.

定理 7.6 を利用すると,指定された位数のアーベル群が同型を除いて本質的に何通りあるかを調べることができる.

**例 7.21**  位数 12 のアーベル群に対して,定理 7.6 の右辺の形として可能なものをすべて列挙してみよう. $12 = 2^2 \cdot 3$ であることから,定理 7.6 の右辺に現れる可能性のある巡回群は,

$$\mathbb{Z}/2\mathbb{Z}, \mathbb{Z}/3\mathbb{Z}, \mathbb{Z}/4\mathbb{Z}, \mathbb{Z}/6\mathbb{Z}, \mathbb{Z}/12\mathbb{Z}$$

これらの直積のうち,位数が 12 で定理 7.6 の右辺の形となるのは,

$$\mathbb{Z}/2\mathbb{Z} \times \mathbb{Z}/6\mathbb{Z}$$
$$\mathbb{Z}/12\mathbb{Z}$$

の 2 通りである. 定理 7.6 の右辺は群に対して一意的に定まるものなので,これらの二つの群は互いに同型ではない. すなわち,位数 12 のアーベル群は上の二つの群のいずれかと同型である.

### ■ 7.2.4 ケーリーの定理

有限群についての有名な定理であるケーリーの定理は,すべての有限群が対称群の部分群として表せることを示している.

定理 7.7　　（ケーリーの定理）

　$G$ を位数 $n$ の有限群とする．$G = \{g_1, g_2, \ldots, g_n\}$ と表し，$G$ から $n$ 次対称群 $S_n$ への写像 $f$ を，$g \in G$ に対して，

$$g \cdot g_i = g_{\sigma(i)} \quad (i = 1, 2, \ldots, n)$$

によって定まる置換 $\sigma \in S_n$ を対応させる写像として定義する．このとき，$f$ によって，$G$ は $S_n$ の部分群と同型となる．

　　$g \in G$ に対して，$g_i$ を $g \cdot g_i$ にうつす写像を考えると，この写像は $\{g_1, g_2, \ldots, g_n\}$ から $\{g_1, g_2, \ldots, g_n\}$ への全単射であり，$g \cdot g_i = g_j$ となる $j$ が $i$ と一対一に対応する．つまり，「$g$ を左から掛ける」という写像は $g_i$ たちの添字 $i$ の置換を引き起こす．定理 7.7 の $f$ は，$g$ を「$g$ を左から掛けることで引き起こされる添字の置換」に対応させることで定義される．

**証明**

　　まず，$f$ が準同型写像であることを示す．$g, g'$ を $G$ の任意の二つの元とし，$f(g) = \sigma$，$f(g') = \sigma'$ とおく．

$$(gg') \cdot g_i = g(g' \cdot g_i) = g(g_{\sigma'(i)}) = g_{\sigma(\sigma'(i))} = g_{\sigma\sigma'(i)}$$

より，$f(gg') = \sigma\sigma' = f(g) \circ f(g')$ であるので，$f$ は準同型写像である．

　　次に，$\operatorname{Ker} f = \{e\}$ を示す．$g \in \operatorname{Ker} f$ とすると，$f(g) = \varepsilon$（恒等置換）であるから，$g \cdot g_i = g_i$ $(i = 1, 2, \ldots, n)$ である．ここで，$g \cdot g_i = g_i$ の両辺に $g_i^{-1}$ を右から掛けると，$(g \cdot g_i) \cdot g_i^{-1} = g_i \cdot g_i^{-1}$ より，$g = e$ が得られる．これより，$\operatorname{Ker} f = \{e\}$ である．

　　最後に，$G$ が $S_n$ の部分群 $\operatorname{Im} f$ と同型であることを示す．準同型定理より，$G / \operatorname{Ker} f \cong \operatorname{Im} f$ であるが，$\operatorname{Ker} f = \{e\}$ であるので，$G \cong \operatorname{Im} f$ が得られる．

**例 7.22**　$G = \mathbb{Z}/3\mathbb{Z}$ を $S_3$ の部分群として表してみよう．$g_1 = \overline{0}$, $g_2 = \overline{1}$, $g_3 = \overline{2}$ とおくと，$G$ の群表は次のようになる．

|       | $g_1$ | $g_2$ | $g_3$ |
|-------|-------|-------|-------|
| $g_1$ | $g_1$ | $g_2$ | $g_3$ |
| $g_2$ | $g_2$ | $g_3$ | $g_1$ |
| $g_3$ | $g_3$ | $g_1$ | $g_2$ |

ケーリーの定理より，$G$ から $S_3$ への写像 $f$ を，

$$f(g_1) = \varepsilon,$$

$$f(g_2) = \begin{pmatrix} 1 & 2 & 3 \\ 2 & 3 & 1 \end{pmatrix},$$

$$f(g_3) = \begin{pmatrix} 1 & 2 & 3 \\ 3 & 1 & 2 \end{pmatrix}$$

で定めると，$f(g_2) = (1\ 2\ 3)$，$f(g_3) = (1\ 2\ 3)^2$ であり，

$$\mathbb{Z}/3\mathbb{Z} \cong \left\{ \varepsilon,\ \begin{pmatrix} 1 & 2 & 3 \\ 2 & 3 & 1 \end{pmatrix},\ \begin{pmatrix} 1 & 2 & 3 \\ 3 & 1 & 2 \end{pmatrix} \right\} = \langle (1\ 2\ 3) \rangle \subset S_3$$

が得られる．

**例 7.23**　$G = \{e, a, b, ab\}$ $(a^2 = b^2 = e, ab = ba)$ を問題 2.8（27 ページ）での長方形の対称性を表す変換全体のなす群とする．$G$ を $S_4$ の部分群として表してみよう．$g_1 = e$, $g_2 = a$, $g_3 = b$, $g_4 = ab$ とおくと，$G$ の群表は次のようになる．

|       | $g_1$ | $g_2$ | $g_3$ | $g_4$ |
|-------|-------|-------|-------|-------|
| $g_1$ | $g_1$ | $g_2$ | $g_3$ | $g_4$ |
| $g_2$ | $g_2$ | $g_1$ | $g_4$ | $g_3$ |
| $g_3$ | $g_3$ | $g_4$ | $g_1$ | $g_2$ |
| $g_4$ | $g_4$ | $g_3$ | $g_2$ | $g_1$ |

ケーリーの定理より，$G$ から $S_4$ への写像 $f$ を，

$$f(g_1) = \varepsilon,$$

$$f(g_2) = \begin{pmatrix} 1 & 2 & 3 & 4 \\ 2 & 1 & 4 & 3 \end{pmatrix},$$

$$f(g_3) = \begin{pmatrix} 1 & 2 & 3 & 4 \\ 3 & 4 & 1 & 2 \end{pmatrix},$$

$$f(g_4) = \begin{pmatrix} 1 & 2 & 3 & 4 \\ 4 & 3 & 2 & 1 \end{pmatrix}$$

で定めると，$f(g_2) = (1\ 2)(3\ 4)$, $f(g_3) = (1\ 3)(2\ 4)$, $f(g_4) = (1\ 4)(2\ 3)$ であり，

$$G \cong \{\varepsilon,\ (1\ 2)(3\ 4),\ (1\ 3)(2\ 4),\ (1\ 4)(2\ 3)\} \subset S_4$$

が得られる.

**演習問題**

問題 7.1

$G$ を群，$H$ を $G$ の部分群とするとき，次を示せ.

(1) $gH = H \iff g \in H$.

(2) $G$ がアーベル群であるとき，任意の $G$ の元 $g$ に対して，$gH = Hg$ が成り立つ.

問題 7.2

次の群 $G$ とその部分群 $H$ に対して，$G$ の $H$ による左剰余類のうち，互いに異なるものをすべて求めよ. ただし，$D_4$ は 4 次二面体群 (73 ページ) である.

(1) 位数 12 の巡回群 $G = \langle g \rangle$, $H = \langle g^3 \rangle$.

(2) $G = D_4 = \{e, r, r^2, r^3, f, fr, fr^2, fr^3\}$, $H = \{e, r^2\}$.

(3) $G = D_4 = \{e, r, r^2, r^3, f, fr, fr^2, fr^3\}$, $H = \{e, r^2, f, fr^2\}$.

問題 7.3

群 $G$ の部分群 $H$ について，以下は同値であることを示せ．

(1) 任意の $g \in G$ に対して，$gHg^{-1} = H$ が成り立つ．

(2) 任意の $g \in G$ に対して，$gH = Hg$ が成り立つ．

(3) 任意の $g \in G$ に対して，$gHg^{-1} \subset H$ が成り立つ．

問題 7.4

次の群 $G$ とその部分群 $H$ について，$H$ が $G$ の正規部分群であることを定義に基づいて確かめよ．ただし，$D_4$ は 4 次二面体群 (73 ページ) である．

(1) $G = D_4 = \{e, r, r^2, r^3, f, fr, fr^2, fr^3\}$, $H = \{e, r^2\}$.

(2) $G = GL_n(\mathbb{R})$, $H = SL_n(\mathbb{R})$.

問題 7.5

$f : G \to H$ が群の準同型写像であるとき，次を示せ．ただし，$e$ は $G$，$e'$ は $H$ の単位元とする．

(1) $f(e) = e'$.

(2) $G$ の任意の元 $x$ に対して，$f(x^{-1}) = f(x)^{-1}$ である．

(3) $f$ が単射であるための必要十分条件は，$\mathrm{Ker}\, f = \{e\}$ である．

問題 7.6

$f : SO(2) \to U(1)$ を，$A = \begin{pmatrix} \cos\theta & -\sin\theta \\ \sin\theta & \cos\theta \end{pmatrix} \in SO(2)$ に対して，$f(A) = \cos\theta + i\sin\theta$ で定義する (${i}$ は虚数単位)．このとき，$f$ は同型であることを示せ．（$SO(2), U(1)$ の定義は 78 ページを参照．）

問題 7.7

$G = \{e, a, b, ab\}$ を問題 2.8（27 ページ）の長方形の対称性を表す変換全体のなす群とし，$H = \{e, C_2, \sigma_v, \sigma_v C_2\}$ を 6.2 節（74〜75 ページ）で紹介した水分子の点群とする．このとき，$G$ と $H$ は同型であることを示せ．

問題 7.8

次のアーベル群を，有限アーベル群の基本定理（定理 7.6）の形で表せ．

(1) $\mathbb{Z}/6\mathbb{Z} \times \mathbb{Z}/9\mathbb{Z}$.

(2) $\mathbb{Z}/3\mathbb{Z} \times \mathbb{Z}/4\mathbb{Z} \times \mathbb{Z}/6\mathbb{Z}$.

(3) 問題 2.8（27 ページ）の群 $G = \{e, a, b, ab\}$.　$(a^2 = b^2 = e, ab = ba)$

問題 7.9

位数 8 のアーベル群は同型を除いていくつあるか．位数が 8 であるときの有限アーベル群の基本定理（定理 7.6）の形をすべて列挙することで答えよ．

問題 7.10

$G_1 = \langle a \rangle$ を位数 2 の巡回群，$G_2 = \langle b \rangle$ を位数 4 の巡回群として，$G = G_1 \times G_2$ とする．$G$ の元 $(a^i, b^j)$ をそれぞれ，$(e, e) = g_1$, $(e, b) = g_2$, $(e, b^2) = g_3$, $(e, b^3) = g_4$, $(a, e) = g_5$, $(a, b) = g_6$, $(a, b^2) = g_7$, $(a, b^3) = g_8$ と表す．このとき，次の問いに答えよ．

(1) 群表を作成せよ．（ただし，各欄には $g_i$ を記入せよ．）

(2) (1) で作成した群表に基づき，$G$ を $S_8$ の部分群として表すことを考える．各 $g_i$ $(i = 1, 2, \ldots, 8)$ に対応する $S_8$ の元を $\sigma_i$ とするとき，$\sigma_i$ $(i = 1, 2, \ldots, 8)$ を求めよ．

(3) $H = \{\sigma_i \,|\, i = 1, 2, \ldots, 8\}$ とおく．$\sigma_i \sigma_j$ の演算表をつくることにより，$H$ が $S_8$ の部分群であること，および，その群表が，(1) の群表の $g_i$ を $\sigma_i$ に置き換えた表になっていることを確認せよ．

問題 7.11

$G = D_4 = \{e, r, r^2, r^3, f, fr, fr^2, fr^3\}$（4 次二面体群）とする．ケーリーの定理を用いて，$G$ を $S_8$ の部分群として表せ．

# 第 8 章

# RSA暗号と環

本章では，RSA暗号の仕組みの説明から始め，$\mathbb{Z}/n\mathbb{Z}$のもう一つの演算である積に着目することで環の概念を紹介するとともに，環における直積，準同型写像，同型の概念も紹介する．さらに，RSA暗号で重要となるフェルマーの小定理や拡張ユークリッド互除法も紹介する．

**本章での主な学習内容** ──────────
環，環の乗法群，環の直積，環の準同型写像，環の同型，フェルマーの小定理，拡張ユークリッド互除法．

# 8.1 RSA 暗号と合同演算

## ■8.1.1 公開鍵暗号の登場：RSA 暗号

　1976 年，ディフィー（W. Diffie）とヘルマン（M. Hellman）は，**公開鍵暗号**という新しい暗号方式の概念を提唱した．これ以前の暗号は，公開鍵暗号に対して**共通鍵暗号**あるいは**対称鍵暗号**とよばれる．本書でこれまでみてきたシーザー暗号やシフト暗号，上杉謙信の暗号，ヴィジュネル暗号，エニグマの暗号などはすべて共通鍵暗号である．共通鍵暗号では，暗号化のための鍵と復号のための鍵が同じであり，暗号通信を始める前に鍵を第三者に知られることなく安全に共有する必要がある．ディフィーとヘルマンの公開鍵暗号のアイデアのキーポイントは，暗号化のための鍵と復号のための鍵を分けて，暗号化のための鍵は誰もが使えるように公開できるようにすることで鍵共有の必要のない暗号がつくれる，というものであった．公開される暗号化用の鍵は公開鍵，秘密にしておく復号用の鍵は秘密鍵とよばれる．ディフィーとヘルマンが公開鍵暗号の概念を提唱した翌年の 1977 年，リベスト（R. Rivest），シャミアー（A. Shamir），アドルマン（L. Adleman）の三人による **RSA 暗号**が生まれた．RSA 暗号は世界初の公開鍵暗号として実用化され，現在でもさまざまな場面で広く使われている．

　RSA 暗号は，**鍵生成**，**暗号化**，**復号**の三つの手順から定められている．

　RSA 暗号では，まず暗号の受信者が次のようにして鍵生成を行う．最初に非常に大きな二つの互いに異なる素数 $p, q$ を選び，合成数 $n = pq$ をつくる．次に，$(p-1)(q-1)$ と互いに素な整数 $e$ を，2 以上 $(p-1)(q-1)$ 未満の範囲でとる．さらに整数 $d$ を，$ed$ を $(p-1)(q-1)$ で割った余りが 1 になるように，1 以上 $(p-1)(q-1)$ 未満の範囲でとる（このような $d$ があることは $e$ と $(p-1)(q-1)$ が互いに素であることから保証される）．以上のようにしてつくった $n, e, d$ から，公開鍵を $(n, e)$，秘密鍵を $d$ と定める．

暗号化は，送信者が受信者の公開鍵を用いて行う．RSA 暗号では，平文，暗号文は $n$ 未満の正の整数である．平文 $m$ と受信者の公開鍵 $(n, e)$ に対して，$m$ の $e$ 乗を $n$ で割った余りが暗号文となる．

復号は，受信者が自らの秘密鍵を用いて行う．受け取った暗号文 $c$ に対して，$c$ の $d$ 乗を $n$ で割った余りを求める．$c$ が受信者の公開鍵を用いて作成された暗号文であれば，この作業でもとの平文 $m$ が復元される．

> シーザー暗号では，アルファベット 1 文字ごとに 0 から 25 までの数に対応させたが，RSA 暗号では，もとのメッセージを 1 文字ごとではなく，ある長さのブロックごとに区切って，ブロックごとに $n$ 未満の正の整数に対応させる．メッセージのブロックと数の対応のさせ方は一対一であればよい．
>
> 第 5 章までで紹介してきた暗号は，鍵全体の集合 $\mathcal{K}$（鍵空間）から鍵を選んで使うものだった．RSA 暗号をはじめとして，これから本書で紹介していく公開鍵暗号では，鍵は定められたアルゴリズムにしたがって生成される．このため，公開鍵暗号では，暗号化と復号のアルゴリズムに加えて鍵生成アルゴリズムが重要な構成要素になる．

## ■ 8.1.2　$\mathbb{Z}/n\mathbb{Z}$ における積

RSA 暗号の手順の核となっているのは，整数のべき乗をある定められた整数で割った余りをとるという操作である．ある整数で余りをとりながらの演算として，第 2 章で合同演算を紹介したが，第 2 章では足し算だけを扱った．実は合同演算には掛け算もあり，これが RSA 暗号に用いられている．

次の定理は法 $n$ のもとでの掛け算を考える上で重要である．

---

**定理 8.1**

$a \equiv b \pmod{n},\ c \equiv d \pmod{n} \implies a \cdot c \equiv b \cdot d \pmod{n}$

---

**証明**

条件より，$a, b, c, d$ は次のように表せる．

$$a = qn + r, \ b = q'n + r \qquad (q, q', r \ \text{は整数}, \ 0 \leqq r < n)$$

$$c = sn + t, \ d = s'n + t \qquad (s, s', t \ \text{は整数}, \ 0 \leqq t < n)$$

ここで，

$$a \cdot c = (qn + r)(sn + t) = (qsn + qt + rs)n + rt$$

$$b \cdot d = (q'n + r)(s'n + t) = (q's'n + q't + rs')n + rt$$

より，$a \cdot c \equiv r \cdot t \equiv b \cdot d \ (\mathrm{mod} \ n)$ が得られる.

---

定理 8.1 により，法 $n$ のもとでの掛け算も，法 $n$ のもとでの足し算と同様に掛け合わせる数を合同な数で置き換えても結果は変わらない.

具体的な数でみてみよう. $3 \equiv 8 \ (\mathrm{mod} \ 5), 2 \equiv 7 \ (\mathrm{mod} \ 5)$ に対して，

$$3 \cdot 2 = 6 = 1 \cdot 5 + 1$$

$$8 \cdot 7 = 56 = 11 \cdot 5 + 1$$

より，

$$3 \cdot 2 \equiv 8 \cdot 7 \equiv 1 \quad (\mathrm{mod} \ 5)$$

が得られる. 3 を $-2$ や 23, 2 を $-8$ や 97 で置き換えても同じである. つまり，法 5 のもとでは，

$$(3 \ \text{と合同な数}) \cdot (2 \ \text{と合同な数}) = (1 \ \text{と合同な数})$$

が成り立つ. このことは次の法則に対応している.

「5 で割ると 3 余る数」と「5 で割ると 2 余る数」を掛けると
「5 で割ると 1 余る数」になる.

このように，法 $n$ のもとでの掛け算も，第 2 章で紹介した法 $n$ のもとでの足し算と同様に，$n$ で割った余りで整数を分類したとき，それらの掛け算に関して成り立つ「法則」を表している.

ここでみたように，合同演算には足し算だけでなく掛け算もある．つまり，$\mathbb{Z}/n\mathbb{Z}$ には足し算だけでなく，掛け算も備わっている．

最初に述べた RSA 暗号の各アルゴリズムを，$\mathbb{Z}/n\mathbb{Z}$ と合同演算を使って数学的にきちんと表現すると次のようになる．

> **鍵生成：**受信者は互いに異なる二つの非常に大きな素数 $p, q$ を選び，$n = pq$ とする．$(p-1)(q-1)$ と互いに素な整数 $e$ を $1 < e < (p-1)(q-1)$ の範囲でとり，$ed \equiv 1 \pmod{(p-1)(q-1)}$ をみたす $d$ を $0 < d < (p-1)(q-1)$ の範囲でとる．$(n, e)$ を公開鍵，$d$ を秘密鍵とする．
>
> **暗号化：**送信者は，受信者の公開鍵 $(n, e)$ を用いて，平文 $\overline{m} \in \mathbb{Z}/n\mathbb{Z}$ に対して，$\overline{c} = \overline{m}^e$ により $\overline{c} \in \mathbb{Z}/n\mathbb{Z}$ を計算する．この $\overline{c}$ が暗号文である．
>
> **復号：**受信者は，公開鍵 $(n, e)$ に対応する秘密鍵 $d$ を用いて，暗号文 $\overline{c} \in \mathbb{Z}/n\mathbb{Z}$ から，$\overline{m} = \overline{c}^d$ により $\overline{m} \in \mathbb{Z}/n\mathbb{Z}$ を計算する．この $\overline{m}$ がもとの平文である．
>
> 6 ページの定義の形で表すと，$\mathcal{P} = \mathcal{C} = \mathbb{Z}/n\mathbb{Z}$（$n$ は二つの異なる素数 $p$ と $q$ の積），$\mathcal{K}$ は $p, q$ からつくられる公開鍵と秘密鍵の組 $(n, e, d)$ 全体の集合，$\mathcal{E}$ は公開鍵 $(n, e)$ に対して $f(\overline{m}) = \overline{m}^e$ で定まる関数の集合，$\mathcal{D}$ は秘密鍵 $d$ に対して $g(\overline{m}) = \overline{m}^d$ で定まる関数の集合となる．

RSA 暗号の暗号化と復号がなぜ上の計算でうまく動くのかを理解するためには，$\mathbb{Z}/n\mathbb{Z}$ の演算に関する性質をもっと知る必要がある．

# 8.2　環 $\mathbb{Z}/n\mathbb{Z}$

## ■8.2.1　$\mathbb{Z}/n\mathbb{Z}$ の演算と環の定義

前節で，$\mathbb{Z}/n\mathbb{Z}$ には足し算（和）だけでなく掛け算（積）もあることをみた．和と積を合わせて考えるとき，$\mathbb{Z}/n\mathbb{Z}$ は次の性質をもつ．

1. 和 + に関してアーベル群である.

2. 積 · に関して結合法則, すなわち, 任意の $\overline{a}, \overline{b}, \overline{c}$ に関して $(\overline{a} \cdot \overline{b}) \cdot \overline{c} = \overline{a} \cdot (\overline{b} \cdot \overline{c})$ が成り立つ.

3. 積 · と和 + に対して分配法則, すなわち, 任意の $\overline{a}, \overline{b}, \overline{c}$ に関して $\overline{a} \cdot (\overline{b} + \overline{c}) = \overline{a} \cdot \overline{b} + \overline{a} \cdot \overline{c}$, $(\overline{a} + \overline{b}) \cdot \overline{c} = \overline{a} \cdot \overline{c} + \overline{b} \cdot \overline{c}$ が成り立つ.

4. $\overline{1}$ は, すべての $\overline{a}$ に対して, $\overline{a} \cdot \overline{1} = \overline{1} \cdot \overline{a} = \overline{a}$ をみたす.

上に挙げた性質は, $\mathbb{Z}/n\mathbb{Z}$ が数学で「環」とよばれるものになっていることを示している. 環の定義を次に示そう.

---

**定義**

集合 $R$ が次の性質をみたす二種類の二項演算 + と · をもつとき, $R$ は環(ring) であるという.

1. + に関してアーベル群である.

2. **結合法則**: 任意の $a, b, c \in R$ に対して, $(a \cdot b) \cdot c = a \cdot (b \cdot c)$ が成り立つ.

3. **分配法則**: 任意の $a, b, c \in R$ に対して, $a \cdot (b + c) = a \cdot b + a \cdot c$, $(a + b) \cdot c = a \cdot c + b \cdot c$ が成り立つ.

4. **単位元の存在**: 「任意の $a \in R$ に対して $a \cdot 1 = 1 \cdot a = a$」をみたす元 $1 \in R$ が存在する.

性質1におけるアーベル群の単位元を 0 と書き, $R$ の**零元**という. 性質4の1を環 $R$ の**単位元**という.

---

環の定義では $0 \neq 1$ であるとする. 群と同じく, 環の 0 と 1 はそれぞれただ一つである (問題 8.1). また, + を和, · を積とよぶことが多い.

---

**定義**

二項演算 · が任意の二つの元 $a, b$ に対して $a \cdot b = b \cdot a$ をみたす環を**可換環**という. 可換環でない環を**非可換環**という.

---

**例 8.1**　$\mathbb{Z}/n\mathbb{Z}$ は，$+$ と $\cdot$ を二項演算として可換環になる．零元は $\bar{0}$，単位元は $\bar{1}$ である．

**例 8.2**　$\mathbb{Z}, \mathbb{Q}, \mathbb{R}$ は，足し算 $+$ と掛け算 $\cdot$ を二項演算として可換環になる．零元は $0$，単位元は $1$ である．

**例 8.3**　整数を係数とする $1$ 変数多項式 $f(x)$ 全体の集合を $\mathbb{Z}[x]$ と表すと，$\mathbb{Z}[x]$ は多項式の和と積を二項演算として可換環になる．同様にして，有理数係数の $1$ 変数多項式全体の集合 $\mathbb{Q}[x]$ や，実数係数の $1$ 変数多項式全体の集合 $\mathbb{R}[x]$，複素数係数の $1$ 変数多項式全体の集合 $\mathbb{C}[x]$ も可換環である．さらに，$x_1, x_2, \ldots, x_n$ を変数とする $n$ 変数多項式全体の集合も同様の演算で可換環になる．$1$ 変数の場合と同様に，整数係数の場合は $\mathbb{Z}[x_1, x_2, \ldots, x_n]$，有理数係数の場合は $\mathbb{Q}[x_1, x_2, \ldots, x_n]$ などのように表される．これらの環をまとめて**多項式環**とよぶ．一般に，可換環 $R$ の元を係数とする多項式環 $R[x]$ や $R[x_1, x_2, \ldots, x_n]$ を $R$ **上の多項式環**という．多項式環の零元は $0$（定数項のみの多項式で定数項が $0$），単位元は $1$（定数項のみの多項式で定数項が $1$）である．

**例 8.4**　実数成分の $n$ 次正方行列全体の集合を $M_n(\mathbb{R})$ と表すと，$M_n(\mathbb{R})$ は行列の和と積を二項演算とする環になる．整数成分の $n$ 次正方行列全体 $M_n(\mathbb{Z})$ や有理数成分の $n$ 次正方行列全体 $M_n(\mathbb{Q})$ も環である．一般に，可換環 $R$ の元を成分とする $n$ 次正方行列全体 $M_n(R)$ は環になる．$M_n(R)$ の零元は零行列 $O$（すべての成分が $0$ である行列），単位元は単位行列 $E_n$ である．6.4 節（77 ページ）でみたように，行列の積では $AB = BA$ が成り立たないので，$n \geqq 2$ のとき，$M_n(\mathbb{R})$, $M_n(\mathbb{Q})$, $M_n(\mathbb{Z})$ は非可換環である．

　　78 ページで $GL_1(\mathbb{R})$ について注意したのと同様に，$n = 1$ のとき，$M_1(\mathbb{R})$ は実数全体の集合，$M_1(\mathbb{Q})$ は有理数全体の集合，$M_1(\mathbb{Z})$ は整数全体の集合に対応する．すなわち，$M_1(\mathbb{R}) = \mathbb{R}$, $M_1(\mathbb{Q}) = \mathbb{Q}$, $M_1(\mathbb{Z}) = \mathbb{Z}$ である．

群と同様に，環の場合も有限個の元からなる環については，すべての元の組み合わせに対する演算結果の表を書くことができる．たとえば，$\mathbb{Z}/4\mathbb{Z}$ について，二種類の演算それぞれについての演算表を書くと次のようになる．

**表 8.1**　$\mathbb{Z}/4\mathbb{Z}$ の演算表

| $+$ | $\overline{0}$ | $\overline{1}$ | $\overline{2}$ | $\overline{3}$ |
|---|---|---|---|---|
| $\overline{0}$ | $\overline{0}$ | $\overline{1}$ | $\overline{2}$ | $\overline{3}$ |
| $\overline{1}$ | $\overline{1}$ | $\overline{2}$ | $\overline{3}$ | $\overline{0}$ |
| $\overline{2}$ | $\overline{2}$ | $\overline{3}$ | $\overline{0}$ | $\overline{1}$ |
| $\overline{3}$ | $\overline{3}$ | $\overline{0}$ | $\overline{1}$ | $\overline{2}$ |

| $\cdot$ | $\overline{0}$ | $\overline{1}$ | $\overline{2}$ | $\overline{3}$ |
|---|---|---|---|---|
| $\overline{0}$ | $\overline{0}$ | $\overline{0}$ | $\overline{0}$ | $\overline{0}$ |
| $\overline{1}$ | $\overline{0}$ | $\overline{1}$ | $\overline{2}$ | $\overline{3}$ |
| $\overline{2}$ | $\overline{0}$ | $\overline{2}$ | $\overline{0}$ | $\overline{2}$ |
| $\overline{3}$ | $\overline{0}$ | $\overline{3}$ | $\overline{2}$ | $\overline{1}$ |

環の定義には，積「$\cdot$」に関する逆元の存在の条件は含まれていない．零元 $0$ には積に関する逆元はないが（問題 8.1），それ以外の元についても，一般には積に関する逆元がないものがある．

> **定義**
>
> 　環 $R$ の元 $a$ に対して，$ab = ba = 1$ となる $b \in R$ を，$a$ **の積に関する逆元**といい，$a^{-1}$ で表す．$a$ に対して $a^{-1} \in R$ が存在するとき，$a$ は**正則**であるという．正則な元を**正則元**という．

**例 8.5**　環 $\mathbb{Z}$ の元 $2$ に対して，$2a = 1$ となる整数 $a$ は存在しないので，$2$ は $\mathbb{Z}$ の正則元ではない．

**例 8.6**　$\mathbb{Z}/4\mathbb{Z}$ の元 $\overline{1}, \overline{2}, \overline{3}$ について，表 8.1 より，$\overline{1}^{-1} = \overline{1}, \overline{3}^{-1} = \overline{3}$ だが，$\overline{2}$ には積に関する逆元は存在しない．

環において，乗法に関する正則元全体からなる集合を考えることがある．$R$ の正則元全体の集合を $R^*$ で表すと，$R^*$ は乗法 $\cdot$ を二項演算とする群になる (問題 8.2).

---

**定義**

環 $R$ に対して,

$$R^* = \{a \in R \mid a \text{ は正則元}\}$$

を $R$ の**乗法群**という. $R^*$ は $R^\times$ で表すこともある.

---

**例 8.7** $\mathbb{R}$ の乗法群は $\mathbb{R} \setminus \{0\}$, $\mathbb{Q}$ の乗法群は $\mathbb{Q} \setminus \{0\}$ である.

19 ページで, $\mathbb{R}$ から $0$ を除いた集合として $\mathbb{R}^*$ という記号を導入したが, 例 8.7 より, $\mathbb{R}$ の乗法群としての $\mathbb{R}^*$ と一致している.

**例 8.8** $\mathbb{Z}^* = \{1, -1\}$.

**例 8.9** $(\mathbb{Z}/4\mathbb{Z})^* = \{\overline{1}, \overline{3}\}$.    （例 8.6 より）

**例 8.10** 可換環 $R$ 上の多項式環 $R[x_1, x_2, \ldots, x_n]$ に対して,

$$(R[x_1, x_2, \ldots, x_n])^* = R^*$$

である.

**例 8.11** 2 以上の整数 $n$ に対して, $M_n(\mathbb{R})^* = GL_n(\mathbb{R})$, $M_n(\mathbb{Q})^* = GL_n(\mathbb{Q})$, $M_n(\mathbb{Z})^* = GL_n(\mathbb{Z})$ である. ($GL_n$ については, 76 ページ参照.)

---

**定理 8.2**

2 以上の整数 $n$ に対して, 次が成り立つ.

$$(\mathbb{Z}/n\mathbb{Z})^* = \{\overline{a} \mid 1 \leqq a \leqq n-1 \text{ かつ } a \text{ は } n \text{ と互いに素}\}$$

---

**証明**

$\bar{a} \in \mathbb{Z}/n\mathbb{Z}$ は正則元である.

$\iff \bar{a} \cdot \bar{x} = \bar{1}$ をみたす $\bar{x} \in \mathbb{Z}/n\mathbb{Z}$ が存在する.

$\iff a \cdot x \equiv 1 \pmod{n}$ をみたす $x \in \mathbb{Z}$ が存在する.

$\iff a \cdot x + n \cdot y = 1$ をみたす整数の組 $(x, y)$ が存在する.

$\iff a$ と $n$ は互いに素である.

---

**定理 8.3**

$p$ が素数のとき，次が成り立つ.

$$(\mathbb{Z}/p\mathbb{Z})^* = \{\bar{1}, \bar{2}, \ldots, \overline{p-1}\} = (\mathbb{Z}/p\mathbb{Z}) \setminus \{\bar{0}\}$$

---

**証明**

$p$ が素数のとき，$a = 1, 2, \ldots, p-1$ はすべて $p$ と互いに素であることと定理 8.2 からすぐにわかる.

---

正則でない元については，たとえば，表 8.1 の $\bar{2} \cdot \bar{2} = \bar{0}$ のように，0 でないもの同士を掛けて 0 になることがある.

**定義**

可換環 $R$ の元 $a, b$ $(a \neq 0, b \neq 0)$ に対して，$ab = 0$ となるとき，$a, b$ を $R$ の**零因子**という. 零因子をもたない可換環を**整域**という.

**例 8.12**　$\mathbb{Z}, \mathbb{Z}[x], \mathbb{Q}[x], \mathbb{R}[x], \mathbb{Z}[x, y]$ は整域である.

# 8.3　環 $\mathbb{Z}/n\mathbb{Z}$ の性質と RSA 暗号の原理

　RSA 暗号の暗号化と復号の仕組みの説明には，$\mathbb{Z}/n\mathbb{Z}$ の環としての性質が必要となる．必要となるのは，「環の直積」，「環の同型」，それと「フェルマーの小定理」である．まずはこれらを順に紹介していこう．

## ■ 8.3.1　環の直積

　第 4 章で，群の直積に自然に群構造が定まることを紹介したが，環についても同様に環の直積に環構造を定めることができる．簡単のため，ここでは可換環のみを扱う．

---

**定理 8.4**

　$R_1, R_2, \ldots, R_n$ を可換環として，これらの二項演算を $+$ と $\cdot$ で表す．

$$R_1 \times R_2 \times \cdots \times R_n = \{(a_1, a_2, \ldots, a_n) \,|\, a_i \in R_i \ (i = 1, 2, \ldots, n)\}$$

の二項演算を

$$(a_1, a_2, \ldots, a_n) + (a'_1, a'_2, \ldots, a'_n) = (a_1 + a'_1, a_2 + a'_2, \ldots, a_n + a'_n)$$

$$(a_1, a_2, \ldots, a_n) \cdot (a'_1, a'_2, \ldots, a'_n) = (a_1 \cdot a'_1, a_2 \cdot a'_2, \ldots, a_n \cdot a'_n)$$

で定めると，$R_1 \times R_2 \times \cdots \times R_n$ はこれらの二項演算について環になる．

---

**証明**

　$R_i$ の零元をすべて $0$ で表し，$\mathbf{0} = (0, 0, \ldots, 0) \in R_1 \times R_2 \times \cdots \times R_n$

とおく．同様に，$R_i$ の単位元をすべて 1 で表し，$\mathbf{1} = (1, 1, \ldots, 1) \in R_1 \times R_2 \times \cdots \times R_n$ とおく．

定理 4.1(46 ページ) より，$R_1 \times R_2 \times \cdots \times R_n$ は $+$ を二項演算とし，$\mathbf{0} = (0, 0, \ldots, 0)$ を単位元とする群になることがわかるので，積 $\cdot$ に関する性質だけを示せばよい．

$R_1, R_2, \ldots, R_n$ で結合法則が成り立つことに注意すると，$R_1 \times R_2 \times \cdots \times R_n$ の任意の元 $\boldsymbol{a} = (a_1, a_2, \ldots, a_n)$, $\boldsymbol{a'} = (a'_1, a'_2, \ldots, a'_n)$, $\boldsymbol{a''} = (a''_1, a''_2, \ldots, a''_n)$ に対して，

$$
\begin{aligned}
(\boldsymbol{a} \cdot \boldsymbol{a'}) \cdot \boldsymbol{a''} \text{ の第 } i \text{ 成分} &= (a_i \cdot a'_i) \cdot a''_i \\
&= a_i \cdot (a'_i \cdot a''_i) \\
&= \boldsymbol{a} \cdot (\boldsymbol{a'} \cdot \boldsymbol{a''}) \text{ の第 } i \text{ 成分}
\end{aligned}
$$

が成り立つ．よって，結合法則が成り立つ．

$R_1, R_2, \ldots, R_n$ で分配法則が成り立つことより，$R_1 \times R_2 \times \cdots \times R_n$ の任意の元 $\boldsymbol{a} = (a_1, a_2, \ldots, a_n)$, $\boldsymbol{a'} = (a'_1, a'_2, \ldots, a'_n)$, $\boldsymbol{a''} = (a''_1, a''_2, \ldots, a''_n)$ に対して，

$$
\begin{aligned}
\boldsymbol{a} \cdot (\boldsymbol{a'} + \boldsymbol{a''}) \text{ の第 } i \text{ 成分} &= a_i \cdot (a'_i + a''_i) \\
&= a_i \cdot a'_i + a_i \cdot a''_i \\
&= \boldsymbol{a} \cdot \boldsymbol{a'} + \boldsymbol{a} \cdot \boldsymbol{a''} \text{ の第 } i \text{ 成分}
\end{aligned}
$$

が成り立つ．$(\boldsymbol{a} + \boldsymbol{a'}) \cdot \boldsymbol{a''} = \boldsymbol{a} \cdot \boldsymbol{a''} + \boldsymbol{a'} \cdot \boldsymbol{a''}$ も同様にして示されるので，分配法則が成り立つ．

任意の $\boldsymbol{a} = (a_1, a_2, \ldots, a_n)$ に対して，

$$
\boldsymbol{a} \cdot \mathbf{1} = (a_1 \cdot 1, a_2 \cdot 1, \ldots, a_n \cdot 1) = (a_1, a_2, \ldots, a_n) = \boldsymbol{a}
$$

が成り立つ．$\mathbf{1} \cdot \boldsymbol{a} = \boldsymbol{a}$ も同様にして示されるので，$\mathbf{1}$ が $R_1 \times R_2 \times \cdots \times R_n$ の単位元となる．

以上より，環の定義 (110 ページ) の性質をすべてみたすので，$R_1 \times R_2 \times \cdots \times R_n$ は $+$ を和，$\cdot$ を積として環になる．

## ■8.3.2 環の間の同型

群と同様に，環にも準同型写像や同型の概念が定義される．

---
**定義**

1. 環 $R$ から環 $S$ への写像 $f : R \to S$ が，任意の $a, b \in R$ に対して $f(a+b) = f(a) + f(b)$, $f(a \cdot b) = f(a) \cdot f(b)$, かつ, $f(1) = 1$ をみたすとき，$f$ を環 $R$ から環 $S$ への**準同型写像**という．

2. 準同型写像 $f$ が全単射であるとき，$f$ を**同型写像**という．

3. 環 $R$ と環 $S$ の間に同型写像 $f : R \to S$ があるとき，$R$ と $S$ は**同型**であるといい，$R \cong S$ と表す．

---

**例 8.13**　例 7.11, 7.12 (92 ページ) の写像 $\psi_n : \mathbb{Z} \to \mathbb{Z}/n\mathbb{Z}$, $\psi_{n,m} : \mathbb{Z}/n\mathbb{Z} \to \mathbb{Z}/m\mathbb{Z}$ (ただし，$m|n$) は環の準同型写像である．

**例 8.14**　2 以上の互いに素な整数 $m, n$ に対して，$\mathbb{Z}/mn\mathbb{Z} \cong \mathbb{Z}/m\mathbb{Z} \times \mathbb{Z}/n\mathbb{Z}$ が成り立つ．写像 $f : \mathbb{Z}/mn\mathbb{Z} \to \mathbb{Z}/m\mathbb{Z} \times \mathbb{Z}/n\mathbb{Z}$ を，環の準同型写像 $\psi_{mn,m} : \mathbb{Z}/mn\mathbb{Z} \to \mathbb{Z}/m\mathbb{Z}$ と $\psi_{mn,m} : \mathbb{Z}/mn\mathbb{Z} \to \mathbb{Z}/n\mathbb{Z}$ (例 8.13) を用いて $f(\overline{x}) = (\psi_{mn,m}(\overline{x}), \psi_{mn,n}(\overline{x}))$ で定めると，$f$ は環の準同型写像になる．$f$ は例 7.17 (96 ページ) で群としての同型 $\mathbb{Z}/mn\mathbb{Z} \cong \mathbb{Z}/m\mathbb{Z} \times \mathbb{Z}/n\mathbb{Z}$ を与えた写像と同じであるから，全単射である．よって，$f$ は環の間の同型 $\mathbb{Z}/mn\mathbb{Z} \cong \mathbb{Z}/m\mathbb{Z} \times \mathbb{Z}/n\mathbb{Z}$ を与える．

　　$n$ 個の互いに素な 2 以上の整数 $m_1, \ldots, m_n$ に対して，$\mathbb{Z}/(m_1 \cdots m_n)\mathbb{Z} \cong \mathbb{Z}/m_1\mathbb{Z} \times \cdots \times \mathbb{Z}/m_n\mathbb{Z}$ も成り立つ（**中国式剰余定理**）．

　　例 8.14 の $f$ を乗法群 $(\mathbb{Z}/mn\mathbb{Z})^*$ に制限すると，$mn$ と互いに素な数は $m, n$ とも互いに素であるので，$f$ は群の同型 $(\mathbb{Z}/mn\mathbb{Z})^* \cong (\mathbb{Z}/m\mathbb{Z})^* \times (\mathbb{Z}/n\mathbb{Z})^*$ を与え，$|(\mathbb{Z}/mn\mathbb{Z})^*| = |(\mathbb{Z}/m\mathbb{Z})^*| \times |(\mathbb{Z}/n\mathbb{Z})^*|$ が得られる．この式は，オイラーの関数 (37 ページ) が，互いに素な正の整数 $m$ と $n$ に対して，$\varphi(mn) = \varphi(m)\varphi(n)$ をみたすことを示している．

## ■ 8.3.3  フェルマーの小定理

---

### 定理 8.5　　（フェルマーの小定理）

$p$ を素数とする．このとき任意の整数 $a$ に対して次が成り立つ．

$$a^p \equiv a \pmod{p}$$

すなわち，任意の $\overline{a} \in \mathbb{Z}/p\mathbb{Z}$ に対して，$\overline{a}^p = \overline{a}$ が成り立つ．

---

**証明**

定理 8.3 より，$(\mathbb{Z}/p\mathbb{Z})^* = \{\overline{a} \mid 1 \leqq a \leqq p-1\}$ であるから，$(\mathbb{Z}/p\mathbb{Z})^*$ は位数 $p-1$ の群であり，$\mathbb{Z}/p\mathbb{Z} = (\mathbb{Z}/p\mathbb{Z})^* \cup \{\overline{0}\}$ である．

$\overline{a}$ を任意の $\mathbb{Z}/p\mathbb{Z}$ の元とする．$\overline{a} = \overline{0}$ のとき，$\overline{0}^p = \overline{0}$ より成り立つ．$\overline{a} \neq \overline{0}$ であるとする．このとき，$\overline{a} \in (\mathbb{Z}/p\mathbb{Z})^*$ であり，$(\mathbb{Z}/p\mathbb{Z})^*$ は位数 $p-1$ の群であるから，定理 7.3（87 ページ）より，$\overline{a}^{p-1} = \overline{1}$ である．この両辺に $\overline{a}$ を掛けることで $\overline{a}^p = \overline{a}$ が得られる．

---

フェルマーの小定理の証明から，一般に次が成り立つこともわかる．

---

### 定理 8.6

$p$ を素数とする．このとき任意の整数 $a$ と任意の正の整数 $k$ に対して次が成り立つ．

$$a^{k(p-1)+1} \equiv a \pmod{p}$$

すなわち，任意の $\overline{a} \in \mathbb{Z}/p\mathbb{Z}$ に対して，$\overline{a}^{k(p-1)+1} = \overline{a}$ が成り立つ．

---

定理 8.5 は，定理 8.6 の $k = 1$ の場合に当たる．

次の定理が RSA 暗号の仕組みの基礎となる定理である．

### 定理 8.7

　$p, q$ を互いに異なる素数とする. このとき任意の整数 $x$ と任意の正の整数 $k$ に対して次が成り立つ.

$$x^{k(p-1)(q-1)+1} \equiv x \pmod{pq}$$

すなわち, 任意の $\overline{x} \in \mathbb{Z}/pq\mathbb{Z}$ に対して, $\overline{x}^{k(p-1)(q-1)+1} = \overline{x}$ が成り立つ.

**証明**

　例 8.14 と同様に, 写像 $f : \mathbb{Z}/pq\mathbb{Z} \to \mathbb{Z}/p\mathbb{Z} \times \mathbb{Z}/q\mathbb{Z}$ を, $\overline{x} \in \mathbb{Z}/pq\mathbb{Z}$ に対して, $x$ を $p$ で割った余りを $a$, $x$ を $q$ で割った余りを $b$ として, $f(\overline{x}) = (\overline{a}, \overline{b})$ で定めると, $f$ は環の間の同型写像を与える. ここで, $f(\overline{x}^{k(p-1)(q-1)+1})$ を計算すると,

$$\begin{aligned}
f(\overline{x}^{k(p-1)(q-1)+1}) &= f(\overline{x^{k(p-1)(q-1)+1}}) \\
&= (\overline{x^{k(p-1)(q-1)+1}}, \overline{x^{k(p-1)(q-1)+1}}) \\
&= (\overline{x^{\{k(q-1)\}(p-1)+1}}, \overline{x^{\{k(p-1)\}(q-1)+1}}) \\
&= (\overline{x}, \overline{x}) \qquad (\text{定理 8.6 より})
\end{aligned}$$

である. 一方, $f(\overline{x}) = (\overline{x}, \overline{x})$ より, $f(\overline{x}^{k(p-1)(q-1)+1}) = f(\overline{x})$ である. $f$ が同型写像であることより, $\overline{x}^{k(p-1)(q-1)+1} = \overline{x}$ が得られる.

　定理 8.7 に現れる $(p-1)(q-1)$ は乗法群 $(\mathbb{Z}/pq\mathbb{Z})^*$ の位数を表している. 定理 8.7 は簡単にいうと, $(\mathbb{Z}/pq\mathbb{Z})$ の元を, 「$(\mathbb{Z}/pq\mathbb{Z})^*$ の位数で割ったら余りが 1 になる数」でべき乗するともとの元に戻る, ということである. $(\mathbb{Z}/pq\mathbb{Z})^*$ の位数が $(p-1)(q-1)$ となるのは, $(\mathbb{Z}/pq\mathbb{Z})^* \cong (\mathbb{Z}/p\mathbb{Z})^* \times (\mathbb{Z}/q\mathbb{Z})^*$ という群の同型が成り立つこと (例 8.14) と, $(\mathbb{Z}/p\mathbb{Z})^*$ の位数が $p-1$, $(\mathbb{Z}/q\mathbb{Z})^*$ の位数が $q-1$ であることからわかる.

## ■ 8.3.4  RSA 暗号の原理

RSA 暗号の暗号化と復号がうまくいくためには，公開鍵 $(n, e)$ とそれに対応する秘密鍵 $d$ が，任意の整数 $m$ に対して，

$$m^{ed} \equiv m \pmod{n},$$

すなわち，$\overline{m}^{ed} = \overline{m}$ が $\mathbb{Z}/n\mathbb{Z}$ において成り立たなくてはならない．

このことは定理 8.7 から保証される．公開鍵と秘密鍵のつくり方から，$n = pq$ (ただし，$p, q$ は相異なる素数) であり，$e$ は $(p-1)(q-1)$ と互いに素な 2 以上の整数，$d$ は $ed \equiv 1 \pmod{(p-1)(q-1)}$ をみたす正の整数である．したがって，ある正の整数 $k$ を用いて $ed = k(p-1)(q-1) + 1$ と表せるので，定理 8.7 から $\mathbb{Z}/n\mathbb{Z}$ において，

$$\overline{m}^{ed} = \overline{m}^{k(p-1)(q-1)+1} = \overline{m}$$

となることがわかる．


# 8.4  RSA 暗号とアルゴリズム

RSA 暗号に関しては，上で述べた暗号化と復号の原理以外にも大事なことがある．RSA 暗号の効率性と安全性を支える重要な要件を以下に挙げておこう．

1. 受信者は鍵生成を容易に行える．
2. 送信者と受信者は高速に暗号化と復号が行える．
3. 公開鍵のみから秘密鍵を求めることは困難である．

RSA 暗号では，三つめの要件から，$n > 2^{2048}$ であるような非常に大きな $n$ を用いることが必要になるが，一方で，最初の二つの要件がこのように大きな $n$ に対してみたされる必要がある．これらの要件にはさまざまなアルゴリズムが関わる．以下，各要件に関わるアルゴリズムについて紹介しよう．

## ■8.4.1　拡張ユークリッド互除法

　鍵生成で重要となるのは，非常に大きな二つの素数 $p$, $q$ をみつけて合成数 $n = pq$ をつくり，この $n$ に対して，$(p-1)(q-1)$ と互いに素な整数 $e$ を探すことと，$ed \equiv 1 \pmod{(p-1)(q-1)}$ となる整数 $d$ をみつけることである．このうち，$e$ と $d$ をみつけることについては，ユークリッドの互除法とその拡張である拡張ユークリッド互除法を用いて効率よく行うことができる．ユークリッドの互除法と拡張ユークリッド互除法のアルゴリズムは次の定理に基づいている．

---

**定理 8.8**

　$a, b$ を $a > b$ をみたす正の整数とする．

1.　$n_0 = a$, $n_1 = b$ とし，$i = 1, 2, \ldots$ に対して $n_{i-1}$ を $n_i$ で割った余りを $n_{i+1}$ とする．このとき，$n_r = 0$ となる $r$ が存在して，$n_{r-1} = \gcd(a, b)$ となる．

2.　上の $n_i$ $(i = 0, 1, \ldots)$ に対して，$n_i$ を $n_{i+1}$ で割った商を $q_{i+1}$ とし，$x_i, y_i$ を次のように定める．

$$x_0 = 1, y_0 = 0, x_1 = 0, y_1 = 1,$$

$$x_{i+1} = x_{i-1} - q_i x_i, \quad y_{i+1} = y_{i-1} - q_i y_i \quad (i = 1, 2, \ldots)$$

　このとき，$n_i = x_i a + y_i b$ $(i = 0, 1, \ldots, r)$ が成り立つ．

---

**証明**

　<u>1 を示す</u>．$n_{i-1}$ を $n_i$ で割った商を $q_i$ とすると，$n_{i-1} = q_i n_i + n_{i+1}$ と表せる．$n_{i-1}$ と $n_i$ の公約数を $c$ とすると，$n_{i+1} = n_{i-1} - q_i n_i$ より，$c$ は $n_{i+1}$ を割り切るので，$c$ は $n_i$ と $n_{i+1}$ の公約数でもある．また，$n_i$ と $n_{i+1}$ の公約数を $c'$ とすると，$n_{i-1} = q_i n_i + n_{i+1}$ より，

$c'$ は $n_{i-1}$ を割り切るので, $c'$ は $n_{i-1}$ と $n_i$ の公約数でもある. よって, $n_i$ と $n_{i+1}$ の公約数と $n_{i-1}$ と $n_i$ の公約数は互いに等しく, とくに, $\gcd(n_{i-1}, n_i) = \gcd(n_i, n_{i+1})$ である. $n_i$ の定め方から, $n_i$ は整数であり, $n_0 > n_1 > n_2 > \cdots \geqq 0$ であるので, $n_r = 0$ となる $r$ が存在する. このとき, $\gcd(n_0, n_1) = \gcd(n_1, n_2) = \cdots = \gcd(n_{r-1}, n_r) = \gcd(n_{r-1}, 0) = n_{r-1}$ が得られる.

<u>2 を示す</u>. $i$ に関する数学的帰納法で示す. $i = 0$ のとき, $x_0 a + y_0 b = 1a + 0b = a = n_0$ より成り立つ. $i = 1$ のとき, $x_1 a + y_1 b = 0a + 1b = b = n_1$ より成り立つ. $i = k - 1$ と $i = k$ のとき, $n_{k-1} = x_{k-1} a + y_{k-1} b$ と $n_k = x_k a + y_k b$ が成り立つと仮定する. $i = k + 1$ のとき,

$x_{k+1} a + y_{k+1} b$

$= (x_{k-1} - q_k x_k) a + (y_{k-1} - q_k y_k) b \quad (x_{k+1}, y_{k+1}\ の定め方より)$

$= (x_{k-1} a + y_{k-1} b) - q_k(x_k a + y_k b)$

$= n_{k-1} - q_k n_k \qquad\qquad\qquad (帰納法の仮定より)$

$= n_{k+1} \qquad\qquad\qquad\qquad (n_{k+1}\ の定め方より)$

より成り立つ.

---

定理 8.8 の 1 の手順により $n_i\ (i = 2, 3, \ldots)$ を計算することで二つの数 $a, b$ の最大公約数を求める方法を**ユークリッドの互除法**という. また, 定理 8.8 の 1 と 2 の手順により $n_i, q_i, x_i, y_i$ を同時に計算していくことで, 二つの数 $a, b$ の最大公約数 $d$ と, $d = xa + yb$ をみたす整数 $x, y$ を同時に求める方法を**拡張ユークリッド互除法**という.

拡張ユークリッド互除法を用いれば, $e$ と $(p-1)(q-1)$ の最大公約数が 1 となるような $e$ をみつけるのと同時に

$$ed + k(p-1)(q-1) = 1$$

をみたす整数 $d, k$ も求められる. このとき, $ed \equiv 1 \pmod{(p-1)(q-1)}$ であるから, 拡張ユークリッド互除法で求められた $d$ が公開鍵 $(n, e)$ に対する秘密鍵になる.

　　拡張ユークリッド互除法で求めると, $d$ は負になることもある
が, $d' \equiv d \pmod{(p-1)(q-1)}$ となる $d'$ で $d$ を置き換えることで
$0 < d < (p-1)(q-1)$ の範囲に $d$ をとることができる.

**例 8.15**　125 と 70 の最大公約数 $d$ と $d = 125x + 70y$ をみたす整数
$x, y$ を拡張ユークリッド互除法で求めてみよう.

| $i$ | $n_i$ | $q_i$ | $x_i$ | $y_i$ |
|---|---|---|---|---|
| 0 | 125 | | 1 | 0 |
| 1 | 70 | 1 | 0 | 1 |
| 2 | 55 | 1 | $x_0 - q_1 x_1 = 1$ | $y_0 - q_1 y_1 = -1$ |
| 3 | 15 | 3 | $x_1 - q_2 x_2 = -1$ | $y_1 - q_2 y_2 = 2$ |
| 4 | 10 | 1 | $x_2 - q_3 x_3 = 4$ | $y_2 - q_3 y_3 = -7$ |
| 5 | 5 | 2 | $x_3 - q_4 x_4 = -5$ | $y_3 - q_4 y_4 = 9$ |
| 6 | 0 | | | |

より, 最大公約数は 5 であり, $5 = (-5) \cdot 125 + 9 \cdot 70$ と表される.

　$ab \equiv 1 \pmod{n}$ であることは, $\bar{b} = \bar{a}^{-1} \in \mathbb{Z}/n\mathbb{Z}$ であることと同値
である. RSA 暗号の鍵生成で, $e, p, q$ から秘密鍵 $d$ を求めることは,
$\bar{e}^{-1} \in \mathbb{Z}/(p-1)(q-1)\mathbb{Z}$ を求めることに他ならない.

**例 8.16**　$\bar{7}^{-1} \in \mathbb{Z}/40\mathbb{Z}$ を拡張ユークリッド互除法で求めてみよう.
$n_0 = 40, n_1 = 7$ として拡張ユークリッド互除法を適用すると,

| $i$ | $n_i$ | $q_i$ | $x_i$ | $y_i$ |
|---|---|---|---|---|
| 0 | 40 | | 1 | 0 |
| 1 | 7 | 5 | 0 | 1 |
| 2 | 5 | 1 | $x_0 - q_1 x_1 = 1$ | $y_0 - q_1 y_1 = -5$ |
| 3 | 2 | 2 | $x_1 - q_2 x_2 = -1$ | $y_1 - q_2 y_2 = 6$ |
| 4 | 1 | 2 | $x_2 - q_3 x_3 = 3$ | $y_2 - q_3 y_3 = -17$ |
| 5 | 0 | | | |

より, 40 と 7 は互いに素であり, $1 = 3 \cdot 40 - 17 \cdot 7$ と表される.
$(-17) \cdot 7 \equiv 1 - 3 \cdot 40 \equiv 1 \pmod{40}$ より, $\bar{7}^{-1} = \overline{-17} = \overline{23}$ である.

## ■8.4.2　高速べき乗法

$n$ が非常に大きければ，一般的には $e, d$ も非常に大きく，また，平文 $m$ や暗号文 $c$ として現れる数も非常に大きくなる可能性がある．暗号化や復号は高速に行われないと暗号通信として使い物にならないため，RSA暗号では，法 $n$ のもとでのべき乗計算が非常に大きな数に対して高速に行われる必要がある．これについて，一般に，法 $n$ のもとでのべき乗計算を効率よく行う**高速べき乗法**というアルゴリズムが知られている．

たとえば，法 $n$ のもとで，ある数 $a$ を8乗することを考えてみよう．このとき，$a^2, a^3, a^4, \ldots$ と順に一つずつ $a$ を掛けていくと7回の掛け算が必要である．一方，$a$ を2乗して $a^2$ を，$a^2$ を2乗して $a^4$ を，$a^4$ を2乗して $a^8$ をと求めていけば，3回の掛け算で8乗が求められる．

高速べき乗法は2乗をうまく用いることで効率よく掛け算の回数を減らしてべき乗を計算する方法である．高速べき乗法により $a^k \pmod{n}$ を計算する仕組みを簡単に紹介しよう．

まず，$k$ の二進数表示を求める．

$$k = x_{r-1} \cdot 2^{r-1} + x_{r-2} \cdot 2^{r-2} + \cdots + x_1 \cdot 2 + x_0$$
$$(x_0, x_1, \ldots, x_{r-1} \in \{0, 1\})$$

このとき，

$$a^k = a^{x_{r-1} \cdot 2^{r-1} + x_{r-2} \cdot 2^{r-2} + \cdots + x_1 \cdot 2 + x_0}$$
$$= \left(a^{2^{r-1}}\right)^{x_{r-1}} \left(a^{2^{r-2}}\right)^{x_{r-2}} \cdots \left(a^2\right)^{x_1} a^{x_0}$$

であることを利用すると，必要な掛け算は，$a^2, a^4, \ldots, a^{2^{r-1}}$ を求めるために必要な $(r-1)$ 回の2乗と，$x_i = 1$ となる $\left(a^{2^i}\right)^{x_i}$ たちの積（高々 $r$ 個の数の積）を求めるのに必要な高々 $(r-1)$ 回の掛け算となるので，$a^k$ の計算における掛け算の回数を「（$k$ の二進数表示の桁数 $-1$）$\times 2$」回以下に抑えることができる．

このようにして掛け算の回数を減らし，さらに，それぞれの2乗や掛け算を法 $n$ のもとでの合同演算として行うことで，常に $n$ 未満の正の整

数同士の掛け算となるようにして数が大きくなりすぎないようにする．これらの工夫をアルゴリズムとしてまとめたものが高速べき乗法である．実際の高速べき乗法のアルゴリズムは，途中の計算結果を保存するメモリの必要量を減らす工夫などもあり，掛け算や2乗の順序が上の式とは違った形で記述されるが，上に述べたことが本質である．

### ■ 8.4.3 素数判定と素因数分解

本節のはじめに述べた要件のうち，一つめの要件の一部と三つめの要件には，素数に関するアルゴリズムが関わる．

一つめの要件は鍵生成に関するものであるが，合成数 $n = pq$ をつくるために必要な非常に大きな二つの素数 $p$, $q$ をみつけるのに素数判定アルゴリズムが用いられる．具体的には，素数 $p$, $q$ の大きさの条件をみたす整数をランダムにとっては素数判定を行い，素数がみつかるまで続けるという方法で行われる．現在知られている素数判定アルゴリズムは十分高速であるため，鍵生成を非常に短い時間で行うことができる．

三つめの要件である，公開鍵のみから秘密鍵を求めることは困難であることというのは，RSA暗号の安全性上欠くことのできない要件である．秘密鍵 $d$ をつくる際には拡張ユークリッド互除法が用いられるが，拡張ユークリッド互除法を用いて $d$ を求めるには，$e$ と $(p-1)(q-1)$ が必要である．公開鍵として公開されるのは $e$ と $n$ のみであり，$n$ の素因数である $p$ や $q$ は公開されない．そこで，攻撃者が $n$ を素因数分解することができるかどうかが RSA暗号の安全性にとって重要な問題となる．RSA暗号では，現在知られている最も効率のよい素因数分解アルゴリズムを用いたとしても，$n$ の素因数分解を現実的な時間内に求めることは不可能なほどの非常に大きな $n$ を用いる．このため，公開された $n$ を素因数分解して $(p-1)(q-1)$ を求めることができず，拡張ユークリッド互除法によって $d$ を求めることはできないようになっている．

素数判定や素因数分解のアルゴリズムの具体的な内容については，本書で扱うレベルを超えるためここでは扱わない．興味のある読者は，整数論や暗号の専門書（たとえば，172ページに挙げた本の [9] など）をみてほしい．

正確にいうと，素因数分解して $p, q$ を求めなくても $(p-1)(q-1)$ を求めることができる可能性なども考慮しなくてはならないが，現在のところ，$p, q$ を求めずに $e$ と $n$ から $d$ を求める方法はみつかっていないので，RSA 暗号の安全性は $n$ の素因数分解の難しさに依存すると考えられている．

## 演習問題

**問題 8.1**

環 $R$ について，次を示せ．

(1) $R$ の零元 $0$，単位元 $1$ はそれぞれただ一つしかない．

(2) 任意の $R$ の元 $a$ に対して，$0 \cdot a = a \cdot 0 = 0$ である．

(3) $0^{-1}$ は存在しない．

**問題 8.2**

可換環 $R$ に対して，$R$ の正則元全体の集合 $R^*$ は群になることを示せ．

**問題 8.3**

$\mathbb{Z}/12\mathbb{Z}$ における演算について，次の計算の結果を $\overline{0}, \overline{1}, \ldots, \overline{11}$ で表せ．

(1) $\overline{5} \cdot \overline{3}$ 　　　(2) $\overline{7} \cdot \overline{7}$ 　　　(3) $\overline{6} \cdot \overline{8}$ 　　　(4) $\overline{3}^3$

**問題 8.4**

環の準同型写像 $f : R \to S$ に対して次のことを示せ．

(1) $f(0) = 0$.

(2) 任意の $a \in R$ に対して，$f(-a) = -f(a)$ が成り立つ．

**問題 8.5**

拡張ユークリッド互除法を用いて，次の整数の組 $(a, b)$ の最大公約数 $d$ と，$d = xa + yb$ となる整数 $x, y$ を求めよ．

(1) $(56, 77)$ 　　　(2) $(285, 450)$ 　　　(3) $(78, 95)$

問題 8.6

$\mathbb{Z}/15\mathbb{Z}$ において，次の元が正則元かどうか調べ，正則元のときには積に関する逆元を求めよ．

(1) $\overline{2}$ 　　　　　 (2) $\overline{9}$ 　　　　　 (3) $\overline{11}$

問題 8.7

$n_1, n_2, \ldots, n_r$ をどの二つも互いに素な 2 以上の整数 $(r \geqq 2)$ とする．整数 $a_1, a_2, \ldots, a_r$ に対して，$x$ についての連立合同方程式

$$\begin{cases} x \equiv a_1 \pmod{n_1} \\ x \equiv a_2 \pmod{n_2} \\ \quad \vdots \\ x \equiv a_r \pmod{n_r} \end{cases}$$

を考える．$j = 1, 2, \ldots, r$ に対して，$N_j = \frac{n_1 n_2 \cdots n_r}{n_j}$ とおく．$v_j n_j + u_j N_j = 1$ となる整数 $v_j, u_j$ に対して，

$$a = a_1 u_1 N_1 + a_2 u_2 N_2 + \cdots + a_r u_r N_r$$

とおくとき，上の連立合同式の解 $x$ は，$x = a + k n_1 n_2 \cdots n_r$ （$k$ は任意の整数）で与えられることを示せ．

問題 8.8

次の連立合同方程式を解け．

(1) $\begin{cases} x \equiv 1 \pmod 2 \\ x \equiv 2 \pmod 3 \\ x \equiv 4 \pmod 5 \end{cases}$

(2) $\begin{cases} x \equiv 0 \pmod 3 \\ x \equiv 3 \pmod 4 \\ x \equiv 1 \pmod 5 \\ x \equiv 2 \pmod 7 \end{cases}$

問題 8.9

　$p = 11$, $q = 13$, $n = pq$ として，RSA 暗号を考えよう．

(1)　$(n, e) = (143, 7)$ は RSA 暗号の公開鍵となることを示せ．

(2)　(1) の $(n, e)$ に対する秘密鍵 $d$ $(0 < d < (p-1)(q-1))$ を求めよ．

(3)　平文 $m = 5$ に対して，$(n, e) = (143, 7)$ で $m$ を暗号化せよ．

# 第 9 章

# エルガマル暗号と有限体

本章では，エルガマル暗号の仕組みの
説明から始め，$p$ が素数のときの $\mathbb{Z}/p\mathbb{Z}$
の性質に着目することで体の概念を紹
介する．

**本章での主な学習内容** ─────
体，有限体，多項式の合同演算．

# 9.1 エルガマル暗号とその原理

## ■ 9.1.1 第二の公開鍵暗号：エルガマル暗号

　RSA 暗号登場から 7 年後の 1984 年，RSA 暗号とは異なる方式の公開鍵暗号が登場した．この第二の公開鍵暗号は開発者エルガマル (T. ElGamal) の名をとって**エルガマル暗号**とよばれている．

　エルガマル暗号は，素数 $p$ に対して $\mathbb{Z}/p\mathbb{Z}$ の乗法群 $(\mathbb{Z}/p\mathbb{Z})^*$ が位数 $p-1$ の巡回群であることを利用する暗号である．$(\mathbb{Z}/p\mathbb{Z})^*$ が位数 $p-1$ の巡回群であることは 134 ページ以降で説明することにして，まずは，エルガマル暗号の仕組みを述べよう．

　エルガマル暗号の鍵生成，暗号化，復号の手順は以下の通りである．

> **鍵生成**：受信者はまず，非常に大きな素数 $p$ を選び，この $p$ に対して乗法群 $(\mathbb{Z}/p\mathbb{Z})^*$ の生成元 $\overline{g}$ を求める．次に，秘密の整数 $x$ を $2 \leq x \leq p-2$ の範囲からランダムに選び，$\overline{y} = \overline{g}^x$ によって $\overline{y}$ を定める．$(p, \overline{g}, \overline{y})$ を公開鍵，$x$ を秘密鍵とする．

> **暗号化**：送信者は，受信者の公開鍵 $(p, \overline{g}, \overline{y})$ を用いて次のように平文 $\overline{m} \in \mathbb{Z}/p\mathbb{Z}$ を暗号化する．まず，秘密の整数 $r$ を $2 \leq x \leq p-2$ の範囲からランダムに選ぶ．次に，この秘密に選んだ整数 $r$ と受信者の公開鍵 $(p, \overline{g}, \overline{y})$ を用いて，平文 $\overline{m} \in \mathbb{Z}/p\mathbb{Z}$ に対して，
>
> $$\overline{c_1} = \overline{g}^r, \quad \overline{c_2} = \overline{m} \cdot \overline{y}^r$$
>
> により，$\overline{c_1}, \overline{c_2} \in \mathbb{Z}/p\mathbb{Z}$ を計算する．この $\overline{c_1}, \overline{c_2}$ の組 $c = (\overline{c_1}, \overline{c_2})$ が暗号文である．

> **復号**：受信者は，公開鍵 $(p, \overline{g}, \overline{y})$ に対応する秘密鍵 $x$ を用いて，暗号文 $c = (\overline{c_1}, \overline{c_2})$ から，
>
> $$\overline{m} = \overline{c_2} \cdot \overline{c_1}^{\,p-1-x}$$

により，$\overline{m} \in \mathbb{Z}/p\mathbb{Z}$ を計算する．$c$ が受信者の公開鍵を用いて作成された暗号文であれば，もとの平文 $\overline{m}$ が復元される．

　6 ページでは暗号を五つの集合からなるシステムとして定義したが，エルガマル暗号は暗号化の際に乱数を用いるため，エルガマル暗号を 6 ページの形で表すためには，定義を少し拡張して，暗号化関数を，平文と乱数の二つを入力とする関数としてとらえる必要がある．

### ■ 9.1.2　エルガマル暗号の原理

　素数 $p$ に対して乗法群 $(\mathbb{Z}/p\mathbb{Z})^*$ が位数 $p-1$ の巡回群であることさえ認めてしまえば，エルガマル暗号の原理は，生成元の位数と指数法則を用いて説明できる．

　公開鍵 $(p, \overline{g}, \overline{y})$ の中の $\overline{g}$ は $(\mathbb{Z}/p\mathbb{Z})^*$ の生成元であるから，$\overline{g}$ の位数 (乗法群 $(\mathbb{Z}/p\mathbb{Z})^*$ の元としての位数) は $p-1$ である．

　公開鍵 $(p, \overline{g}, \overline{y})$ と秘密に選んだ整数 $r$ $(2 \leqq r \leqq p-2)$ を用いて

$$\overline{c_1} = \overline{g}^r, \quad \overline{c_2} = \overline{m} \cdot \overline{y}^r$$

によって求められた暗号文を $c = (\overline{c_1}, \overline{c_2})$ とする．このとき，公開鍵 $(p, \overline{g}, \overline{y})$ に対応する秘密鍵 $x$ に対して，$\overline{c_2} \cdot \overline{c_1}^{p-1-x}$ を計算すると，

$$
\begin{aligned}
\overline{c_2} \cdot \overline{c_1}^{p-1-x} &= \overline{m} \cdot (\overline{g}^x)^r \cdot (\overline{g}^r)^{p-1-x} && (\overline{y} = \overline{g}^x \text{ より}) \\
&= \overline{m} \cdot \overline{g}^{xr + r(p-1-x)} && (\text{指数法則}) \\
&= \overline{m} \cdot \overline{g}^{r(p-1)} && \\
&= \overline{m} \cdot \left( \overline{g}^{(p-1)} \right)^r && (\text{指数法則}) \\
&= \overline{m} \cdot \overline{1} && (\text{ord}\, \overline{g} = p-1 \text{ より}) \\
&= \overline{m} &&
\end{aligned}
$$

となり，平文 $\overline{m}$ が復元される．

### ■ 9.1.3　エルガマル暗号の安全性と離散対数問題

　エルガマル暗号が安全であるためには，第三者が公開鍵から秘密鍵を

求めることが困難であること，すなわち，公開されている $\overline{g}$ と $\overline{y}$ から $\overline{y} = \overline{g}^x$ をみたす $x$ を求めることが困難であることが必要である．

　　暗号文に含まれる $c_1(= \overline{g}^r)$ も送信中に第三者に漏れる可能性があるので，$c_1$ と $\overline{g}$ から $c_1 = \overline{g}^r$ をみたす $r$ が求められないこととも必要になるが，これも公開鍵から秘密鍵を求める問題と本質的に同じ問題である．

　一般に，法 $n$ のもとで，与えられた整数 $a, b$ から，$b \equiv a^x \pmod{n}$ となる整数 $x$ があればそれを求めるという問題を $\mathbb{Z}/n\mathbb{Z}$ 上の**離散対数問題**という．非常に大きな素数 $p$ に対して $\mathbb{Z}/p\mathbb{Z}$ 上の離散対数問題を解くことは困難であるため，エルガマル暗号の安全性が保証される．

　　「解くことは困難」と述べたが，これには「現時点では」という但し書きが付く．現状では $p > 2^{2048}$ であれば現実的な時間内に解くことは不可能とされているが，コンピュータの進歩やアルゴリズムの改良によって将来的に「困難」ではなくなり，$p$ をもっと大きくとらなければならなくなる可能性もある．


# 9.2　エルガマル暗号と有限体 $\mathbb{Z}/p\mathbb{Z}$

エルガマル暗号を支えている $\mathbb{Z}/p\mathbb{Z}$ の性質を紹介しよう．

## ■ 9.2.1　$\mathbb{Z}/p\mathbb{Z}$ と体の定義

> **定義**
>
> 　零元以外のすべての元が正則元である（すなわち，積に関する逆元をもつ）ような可換環を**体（field）**という．

　　可換環 $R$ が体であるための必要十分条件は，$R^* = R \setminus \{0\}$ である．

　　体を表す記号として $F$ や $K$ が使われることが多い．体は英語では field，ドイツ語では Körper とよばれ，$F$ や $K$ はその頭文字である．（Körper には 体 という意味がある．）

**例 9.1** $\mathbb{R}, \mathbb{Q}, \mathbb{C}$ は体である.

**例 9.2** $\mathbb{Z}/3\mathbb{Z}$ は体である. 実際, $\overline{1}^{-1} = \overline{1}, \overline{2}^{-1} = \overline{2}$ より, $\mathbb{Z}/3\mathbb{Z}$ の $\overline{0}$ 以外の元はすべて正則元である.

**表 9.1** $\mathbb{Z}/3\mathbb{Z}$ の加法と乗法の演算表 (例 9.2)

| + | $\overline{0}$ | $\overline{1}$ | $\overline{2}$ |
|---|---|---|---|
| $\overline{0}$ | $\overline{0}$ | $\overline{1}$ | $\overline{2}$ |
| $\overline{1}$ | $\overline{1}$ | $\overline{2}$ | $\overline{0}$ |
| $\overline{2}$ | $\overline{2}$ | $\overline{0}$ | $\overline{1}$ |

| $\cdot$ | $\overline{0}$ | $\overline{1}$ | $\overline{2}$ |
|---|---|---|---|
| $\overline{0}$ | $\overline{0}$ | $\overline{0}$ | $\overline{0}$ |
| $\overline{1}$ | $\overline{0}$ | $\overline{1}$ | $\overline{2}$ |
| $\overline{2}$ | $\overline{0}$ | $\overline{2}$ | $\overline{1}$ |

$\mathbb{R}, \mathbb{Q}, \mathbb{C}$ が無限個の元をもつ体であるのに対して, $\mathbb{Z}/3\mathbb{Z}$ は有限個の元しかもたない. $\mathbb{Z}/3\mathbb{Z}$ のように有限個の元からなる体のことを**有限体**という.

例 8.6 (112 ページ) でみたように, $\mathbb{Z}/4\mathbb{Z}$ の元 $\overline{2}$ は正則元ではないので, $\mathbb{Z}/4\mathbb{Z}$ は体ではない. 一方, 例 9.2 では, $\mathbb{Z}/3\mathbb{Z}$ が体であることをみた. $\mathbb{Z}/n\mathbb{Z}$ が体になるための条件について, 次の定理が成り立つ.

---

**定理 9.1**

$\mathbb{Z}/n\mathbb{Z}$ が体であるための必要十分条件は, $n$ が素数であることである.

---

**証明**

[**十分性**] 定理 8.3 (114 ページ) より, $n$ が素数のとき, $(\mathbb{Z}/n\mathbb{Z})^* = (\mathbb{Z}/n\mathbb{Z}) \setminus \{\overline{0}\}$ であるから, 体の定義より明らかである.

[**必要性**] 命題の対偶, すなわち, $n$ が素数でないならば $\mathbb{Z}/n\mathbb{Z}$ は体ではないことを示す. $n$ が素数でないならば, $n = k\ell$ ($k, \ell$ は 2

以上の整数）と表せる．このとき，$\overline{k} \neq \overline{0}, \overline{\ell} \neq \overline{0}$ だが，$\overline{k} \cdot \overline{\ell} = \overline{n} = \overline{0}$ である．もし $\overline{k}$ が正則だとすると $\overline{k}^{-1}$ が存在するが，$\overline{k} \cdot \overline{\ell} = \overline{0}$ の両辺に $\overline{k}^{-1}$ を掛けると，

$$（左辺）= \overline{k}^{-1} \cdot \overline{k} \cdot \overline{\ell} = \overline{\ell}$$

$$（右辺）= \overline{k}^{-1} \cdot \overline{0} = \overline{0}$$

より $\overline{\ell} = \overline{0}$ となり，$\overline{\ell} \neq \overline{0}$ に反する．よって，$\overline{k}$ は正則元ではない．したがって，$\overline{0}$ 以外に正則元でない元が存在することから，$n$ が素数でないならば $\mathbb{Z}/n\mathbb{Z}$ は体ではない．

---

　　素数 $p$ に対して，$\mathbb{Z}/p\mathbb{Z}$ は $p$ 個の元からなる有限体であり，しばしば $\mathbb{F}_p$ と表される．

## ■ 9.2.2　有限体 $\mathbb{Z}/p\mathbb{Z}$ の乗法群

> **定理 9.2**
>
> 素数 $p$ に対して，$(\mathbb{Z}/p\mathbb{Z})^*$ は巡回群である．

---

**証明**

　　$(\mathbb{Z}/p\mathbb{Z})^*$ の位数は $p-1$ であるから，巡回群であることを示すには位数 $p-1$ の元が存在することを示せばよい．

　　定理 7.3（87 ページ）より，$(\mathbb{Z}/p\mathbb{Z})^*$ の任意の元の位数は $(\mathbb{Z}/p\mathbb{Z})^*$ の位数 $p-1$ の約数であるから，$p-1$ の約数 $d$ に対して $(\mathbb{Z}/p\mathbb{Z})^*$ の位数 $d$ の元全体の集合を $G_d$ とおくと，

$$(\mathbb{Z}/p\mathbb{Z})^* = \bigcup_{d \mid (p-1)} G_d \ \ かつ \ \ \left|(\mathbb{Z}/p\mathbb{Z})^*\right| = \sum_{d \mid (p-1)} |G_d|$$

である（$d \neq d'$ ならば $G_d \cap G_{d'} = \varnothing$ に注意）．

$G_d \neq \varnothing$ のとき，$G_d$ の元の一つを $\bar{a}$ とする．$G_d$ の元は方程式 $x^d - \bar{1} = \bar{0}$ をみたすが，$(\bar{a}^j)^d = \bar{a}^{jd} = (\bar{a}^d)^j = \bar{1}$ であり，かつ，$\bar{a}^0, \bar{a}^1, \ldots, \bar{a}^{d-1}$ が相異なる $d$ 個の元であるから，これらは $x^d - \bar{1} = \bar{0}$ の相異なる $d$ 個の解となる．すなわち，

$$x^d - \bar{1} = (x - \bar{a}^0)(x - \bar{a}^1)\cdots(x - \bar{a}^{d-1})$$

である（下記注意参照）．よって，

$$G_d \subset \left\{ x \in (\mathbb{Z}/p\mathbb{Z})^* \,\middle|\, x^d - \bar{1} = \bar{0} \right\} = \{\bar{a}^0, \bar{a}^1, \ldots, \bar{a}^{d-1}\} = \langle \bar{a} \rangle$$

である．定理 3.7（37 ページ）を $\bar{a}$ が生成する巡回群 $\langle \bar{a} \rangle$ に適用すると，$\bar{a}^j$ の位数が $d$ であるための必要十分条件は $\gcd(j, d) = 1$ であるから，$x^d - \bar{1} = \bar{0}$ の解 $\bar{a}^j$ $(j = 0, 1, \ldots, d-1)$ のうち位数が $d$ であるものは $\gcd(j, d) = 1$ をみたすもののみである．すなわち，

$$G_d = \left\{ \bar{a}^j \,\middle|\, 1 \leqq j \leqq d-1, \gcd(j, d) = 1 \right\}$$

である．よって，$|G_d|$ はオイラーの関数（37 ページ）を用いて，$|G_d| = \varphi(d)$ と表せる．$G_d = \varnothing$ ならば $|G_d| = 0$ であるから，以上より，各 $d$ について $|G_d| \leqq \varphi(d)$ であり，

$$p - 1 = \left|(\mathbb{Z}/p\mathbb{Z})^*\right| = \sum_{d|(p-1)} |G_d| \leqq \sum_{d|(p-1)} \varphi(d)$$

が得られる．ここで定理 3.9（39 ページ）より，$\displaystyle\sum_{d|(p-1)} \varphi(d) = p - 1$ であるから，$\displaystyle\sum_{d|(p-1)} |G_d| = \sum_{d|(p-1)} \varphi(d)$ となり，すべての $p-1$ の約数 $d$ について $|G_d| = \varphi(d)$ となる．よって，とくに，$|G_{p-1}| = \varphi(p-1) > 0$ であるので，$(\mathbb{Z}/p\mathbb{Z})^*$ は位数 $p-1$ の元をもつ．したがって，$(\mathbb{Z}/p\mathbb{Z})^*$ は巡回群である．

---

$x^d - \bar{1} = (x - \bar{a}^0)(x - \bar{a}^1)\cdots(x - \bar{a}^{d-1})$ には，因数定理（問題 9.2）が必要である．

## ■9.2.3　巡回群の生成元の求め方

　エルガマル暗号では，鍵生成の手順中で巡回群 $(\mathbb{Z}/p\mathbb{Z})^*$ の生成元を求めなくてはならない．このためには，任意に元を選んで位数が $p-1$ になっているかどうかを確かめる操作を，位数 $p-1$ の元がみつかるまで繰り返す必要がある．ここで，選んだ元 $\overline{g}$ の位数が $p-1$ であることを調べるにはどうしたらよいだろうか．$\overline{g}^2, \overline{g}^3, \dots$ と順に調べていって，$\overline{g}^{p-2}$ までは $\overline{1}$ にならず，$\overline{g}^{p-1}$ ではじめて $\overline{1}$ になることを確かめるしかないのだろうか．実は，これについて，次のような便利な判定法がある．

---

**定理 9.3**

　$G$ を巡回群とし，$e$ を $G$ の単位元とする．$G$ の位数が $|G| = p_1^{d_1} p_2^{d_2} \cdots p_r^{d_r}$ と素因数分解されるとき ($d_i$ は正の整数，$p_i$ は互いに異なる素数)，$g \in G$ が $G$ の生成元であるための必要十分条件は，任意の $i = 1, 2, \dots, r$ に対して，

$$g^{\frac{|G|}{p_i}} \neq e$$

が成り立つことである．

---

**証明**

　[**必要性**] 各 $p_i$ は $|G|$ の約数であるから，$\frac{|G|}{p_i}$ は正の整数であり，$\frac{|G|}{p_i} < |G|$ である．$g$ が $G$ の生成元であるとすると，$\mathrm{ord}\, g = |G|$ より，$n < |G|$ となる正の整数 $n$ に対して $g^n = e$ となることはない．よって，すべての $i = 1, 2, \dots, r$ に対して $g^{\frac{|G|}{p_i}} \neq e$ が成り立つ．

　[**十分性**] 命題の対偶，すなわち，$\mathrm{ord}\, g < |G|$ ならば $g^{\frac{|G|}{p_j}} = e$ となる $j$ が存在することを示す．定理 7.3(87 ページ) より，$g$ の位数は $|G|$ の約数であるから，

$$\mathrm{ord}\, g = p_1^{f_1} p_2^{f_2} \cdots p_r^{f_r}, \qquad (0 \leqq f_i \leqq d_i)$$

と表せる. $\operatorname{ord} g < |G|$ ならば, $f_j < d_j$ となる $j$ が存在するので, この $j$ に対して,

$$p_1^{f_1} p_2^{f_2} \cdots p_r^{f_r} \ \Bigg|\ \frac{|G|}{p_j}$$

となる. よって, $\frac{|G|}{p_j}$ が $\operatorname{ord} g$ の倍数となるので, $g^{\frac{|G|}{p_j}} = e$ となる.

---

定理 9.3 より, $(\mathbb{Z}/p\mathbb{Z})^*$ の元 $\overline{g}$ の位数が $p-1$ かどうかを調べるには, $\overline{g}^2, \overline{g}^3, \ldots, \overline{g}^{p-2}$ をすべて調べる必要はなく, $p-1$ の素因数分解に現れる相異なる素数の個数分だけ, $g$ のべき乗を調べればよいことがわかる.

　　定理 9.3 をエルガマル暗号の鍵生成に応用するためには, 非常に大きな素数 $p$ について, $p-1$ が素因数分解できる必要がある. RSA 暗号のところで述べたように, 非常に大きな整数の素因数分解は一般には困難である. エルガマル暗号では, 素数 $p$ として, $p = m \cdot q + 1$ ($m$ は小さな整数, $q$ は大きな素数) の形の素数がしばしば用いられる. この形で素数 $p$ を生成することにより, $p$ が非常に大きい場合でも定理 9.3 を利用することができる.

**例 9.3** $(\mathbb{Z}/13\mathbb{Z})^*$ の生成元を求めてみよう.

$$13 - 1 = 12 = 2^2 \cdot 3$$

であり,

$$\frac{13-1}{2} = 6, \ \frac{13-1}{3} = 4$$

であるから, 選んだ $\overline{g}$ に対して, $\overline{g}^4$ と $\overline{g}^6$ が $\overline{1}$ でなければ $\overline{g}$ は生成元である.

$\overline{3}$ について調べる. $\overline{3}^4$ と $\overline{3}^6$ を計算すると, $\overline{3}^4 = \overline{3} \neq \overline{1}$, $\overline{3}^6 = \overline{1}$ となる. $\overline{3}^6 = \overline{1}$ であるから, $\overline{3}$ は生成元ではない.

$\overline{2}$ について調べる. $\overline{2}^4$ と $\overline{2}^6$ を計算すると, $\overline{2}^4 = \overline{3} \neq \overline{1}, \overline{2}^6 = \overline{12} \neq \overline{1}$ であるから, $\overline{2}$ は生成元である.

## コラム　ディフィー・ヘルマンの鍵共有方式

　エルガマル暗号は，公開鍵暗号の概念を提唱したディフィーとヘルマンが考案した鍵共有方式のアイデアを発展させたものである．ディフィー・ヘルマンの鍵共有方式は暗号ではないが，共通鍵暗号での鍵共有を安全に行う仕組みを実現するものであり，現在も利用されている．アリスとボブの二人が鍵を共有する場面を使って説明しよう．（暗号の説明ではアリスとボブがよく登場する．）

1.　まず，アリスとボブの間で素数 $p$ を一つ決め，$(\mathbb{Z}/p\mathbb{Z})^*$ の生成元 $\bar{g}$ を一つ選ぶ．この $p, \bar{g}$ は第三者に知られてもよい．

2.　アリス，ボブはそれぞれ，2 から $p-2$ までの範囲から整数を一つずつランダムに選ぶ．アリスが選んだ整数を $a$，ボブが選んだ整数を $b$ とする．これらの数はそれぞれが秘密に保持する．

3.　アリスは $\bar{g}^a$ を計算して，その計算結果 $\overline{g_A}$ をボブに送る．ボブは $\bar{g}^b$ を計算して，その計算結果 $\overline{g_B}$ をアリスに送る．この $\overline{g_A}, \overline{g_B}$ も第三者に知られてよい．

4.　アリスは $\overline{g_B}^a$ を計算する．ボブは $\overline{g_A}^b$ を計算する．$\overline{g_B}^a = \overline{g_A}^b = \bar{g}^{ab}$ より，アリスとボブともに $\bar{g}^{ab}$ を得る．

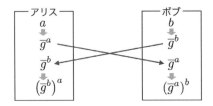

　素数 $p$ を $\mathbb{Z}/p\mathbb{Z}$ での離散対数問題が解けないくらい大きくとっておけば，第三者が $a, b$ を求めて $\bar{g}^{ab}$ を計算することはできなくなるので，第三者に知られることなく安全に $\bar{g}^{ab}$ を共有できる．厳密なことをいうと，$p, \bar{g}, \overline{g_A} (= \bar{g}^a), \overline{g_B} (= \bar{g}^b)$ から離散対数問題を解くことなく，$\bar{g}^{ab}$ を効率よく求める方法があるかもしれない．$p, \bar{g}, \bar{g}^a, \bar{g}^b$ から $\bar{g}^{ab}$ を求める問題を**ディフィー・ヘルマン問題**という．ディフィー・ヘルマン問題も大きな素数 $p$ に対しては困難であるが，離散対数問題の難しさと等価であるかどうかはわかっていない．

# 9.3　エルガマル暗号と一般の有限体

　エルガマル暗号を提案した論文の中でエルガマルは，$\mathbb{F}_p = \mathbb{Z}/p\mathbb{Z}$ だけでなく，一般の有限体を用いても同様の暗号がつくれることを述べている．$\mathbb{F}_p = \mathbb{Z}/p\mathbb{Z}$ 以外の有限体には具体的にどのようなものがあるだろうか．それを述べるためには，多項式の合同演算が必要になる．

## ■ 9.3.1　多項式の合同演算

> **─ 定義 ─**
>
> 　$K[x]$ を体 $K$ 上の 1 変数多項式環，$f(x)$ を $K[x]$ の次数が 1 以上の多項式とする．$K[x]$ の二つの元 $a(x), b(x)$ について，$a(x)$ を $f(x)$ で割った余りと $b(x)$ を $f(x)$ で割った余りが等しいとき，$a(x)$ と $b(x)$ は **$f(x)$ を法として合同である**といい，次のように表す．
>
> $$a(x) \equiv b(x) \pmod{f(x)}$$

　　　　$K[x]$ での割り算については問題 9.2 をみてほしい．

整数の合同と同様に，次の性質が成り立つことがすぐにわかる．

(1) $a(x) \equiv b(x) \pmod{f(x)} \Longleftrightarrow b(x) \equiv a(x) \pmod{f(x)}$

(2) $a(x) \equiv b(x) \pmod{f(x)}, b(x) \equiv c(x) \pmod{f(x)}$
$$\Longrightarrow a(x) \equiv c(x) \pmod{f(x)}$$

(3) $a(x) \equiv b(x) \pmod{f(x)}, c(x) \equiv d(x) \pmod{f(x)}$
$$\Longrightarrow \begin{cases} a(x) + c(x) \equiv b(x) + d(x) \pmod{f(x)} \\ a(x)c(x) \equiv b(x)d(x) \pmod{f(x)} \end{cases}$$

$a(x) \equiv b(x) \pmod{f(x)}$ であることと，$a(x) - b(x)$ が $f(x)$ で割り切れることは同値である．$a(x)$ を法 $f(x)$ のもとで考えた多項式を $\overline{a(x)}$ で表すと，

$$\overline{a(x)} = \overline{a(x) \text{ を } f(x) \text{ で割った余り}}$$

となることもわかる．

**例 9.4**　$\mathbb{Q}[x]$ で $x^2 + 1$ を法とするとき，次のように計算できる．

$$\overline{x^3 + 2x} = \overline{x(x^2 + 1) + x} = \overline{x},$$

$$\overline{x^2 - x} + \overline{x + 1} = \overline{(x^2 - x) + (x + 1)} = \overline{x^2 + 1} = \overline{0},$$

$$\overline{x} \cdot \overline{x + 2} = \overline{x(x + 2)} = \overline{x^2 + 2x} = \overline{(x^2 + 1) + 2x - 1} = \overline{2x - 1}.$$

### ■ 9.3.2　$\mathbb{Z}/p\mathbb{Z}$ でない有限体の構成の例

$\mathbb{F}_2 = \mathbb{Z}/2\mathbb{Z}$ 上の多項式環 $\mathbb{F}_2[x]$ を考えよう．$\mathbb{F}_2[x]$ の元は $\mathbb{F}_2$ の元 $\overline{0}, \overline{1}$ を係数とする多項式であるが，簡単のため，以下では係数の $\overline{0}, \overline{1}$ を $0, 1$ で表すことにする．

$\mathbb{F}_2[x]$ の元を法 $x^2 + x + 1$ のもとで考える．$x^2 + x + 1$ で割った余りは，

$$0, 1, x, x + 1$$

のいずれかになるので，$\mathbb{F}_2[x]$ のすべての元 $g(x)$ について，$\overline{g(x)}$ は，$\overline{0}, \overline{1}, \overline{x}, \overline{x + 1}$ のいずれかと一致する．ここで，

$$F = \{\overline{0}, \overline{1}, \overline{x}, \overline{x + 1}\}$$

とし，集合 $F$ の二項演算 $+, \cdot$ を法 $x^2 + x + 1$ のもとでの演算を用いて次のように定める．

$$\overline{a(x)} + \overline{b(x)} = \overline{a(x) + b(x) \text{ を } x^2 + x + 1 \text{ で割った余り}}$$

$$\overline{a(x)} \cdot \overline{b(x)} = \overline{a(x)b(x) \text{ を } x^2 + x + 1 \text{ で割った余り}}$$

**表 9.2** $F$ の和 $+$ と積 $\cdot$ の演算表

| $+$ | $\overline{0}$ | $\overline{1}$ | $\overline{x}$ | $\overline{x+1}$ |
|---|---|---|---|---|
| $\overline{0}$ | $\overline{0}$ | $\overline{1}$ | $\overline{x}$ | $\overline{x+1}$ |
| $\overline{1}$ | $\overline{1}$ | $\overline{0}$ | $\overline{x+1}$ | $\overline{x}$ |
| $\overline{x}$ | $\overline{x}$ | $\overline{x+1}$ | $\overline{0}$ | $\overline{1}$ |
| $\overline{x+1}$ | $\overline{x+1}$ | $\overline{x}$ | $\overline{1}$ | $\overline{0}$ |

| $\cdot$ | $\overline{0}$ | $\overline{1}$ | $\overline{x}$ | $\overline{x+1}$ |
|---|---|---|---|---|
| $\overline{0}$ | $\overline{0}$ | $\overline{0}$ | $\overline{0}$ | $\overline{0}$ |
| $\overline{1}$ | $\overline{0}$ | $\overline{1}$ | $\overline{x}$ | $\overline{x+1}$ |
| $\overline{x}$ | $\overline{0}$ | $\overline{x}$ | $\overline{x+1}$ | $\overline{1}$ |
| $\overline{x+1}$ | $\overline{0}$ | $\overline{x+1}$ | $\overline{1}$ | $\overline{x}$ |

和 $+$ と積 $\cdot$ の演算表は表 9.2 のようになる（$\overline{1}+\overline{1}=\overline{0}$ に注意）．表 9.2 から，$F$ が可換環であること，および，$\overline{0}$ 以外の元は正則であることがわかる．すなわち，$F$ は 4 個の元からなる有限体である．

さらに，$\overline{0}$ 以外のすべての元が $\overline{x}$ のべき乗で表せ，$F$ の乗法群 $F^*$ が巡回群であることも確かめられる．

$$\overline{x}^1 = \overline{x}$$

$$\overline{x}^2 = \overline{x^2} = \overline{x+1}$$

$$\overline{x}^3 = \overline{x}^2 \cdot \overline{x} = \overline{x+1} \cdot \overline{x} = \overline{(x+1)\cdot x} = \overline{x^2+x} = \overline{1}$$

法としてどんな多項式を用いても有限体ができるわけではない．たとえば，$x^2+x+1$ の代わりに $x^2+1$ を使うことを考えてみると，$x^2+1$ で割った余りは，$0, 1, x, x+1$ であるが，法 $x^2+1$ のもとでは，

$$\overline{x+1} \cdot \overline{x+1} = \overline{x^2+x+x+1} = \overline{x^2+1} = \overline{0}$$

となるので（$\overline{x}+\overline{x}=\overline{0}$ に注意），$\overline{x+1}$ は正則ではない．したがって，このとき，$F = \{\overline{0}, \overline{1}, \overline{x}, \overline{x+1}\}$ は体にはならない．

実は，$\mathbb{F}_2[x]$ で，$x^2+x+1$ を法としたときと，$x^2+1$ を法としたときのこの違いは，$x^2+x+1$ が $\mathbb{F}_2[x]$ の中で次数が 1 以上の多項式の積に分解しないのに対し，$x^2+1$ は $x^2+1=(x+1)(x+1)$ と分解することから生じる．

$\mathbb{F}_p = \mathbb{Z}/p\mathbb{Z}$ 以外の有限体の構成に関する一般論は次章で紹介するが，$\mathbb{F}_p = \mathbb{Z}/p\mathbb{Z}$ 以外の有限体は，$\mathbb{F}_p[x]$ の中で次数が 1 以上の多項式の積に分解しない $f(x) \in \mathbb{F}_p[x]$ を法とした演算を用いることで，上の例のよう

に構成することができ，さらに，その乗法群は巡回群になることが知られている．これらにより，一般の有限体を用いてエルガマル暗号を構成することができる．

### ■ 9.3.3　一般の有限体が用いられるその他の暗号

$\mathbb{Z}/p\mathbb{Z}$ 以外の有限体が用いられている暗号は他にもある．現在，標準的に使用されている共通鍵暗号である **AES**(Advanced Encryption Standard) では，$\mathbb{F}_2[x]$ において $x^8 + x^4 + x^3 + x + 1$ を法とする演算を考えることによって構成される有限体が用いられている．また，本章の章末のコラムで紹介する楕円曲線暗号でも，$\mathbb{Z}/p\mathbb{Z}$ だけでなく一般の有限体を利用することができる．

### 演習問題
問題 9.1

$\mathbb{Z}/5\mathbb{Z}$ の $+$, $\cdot$ に関する演算表をそれぞれ作成せよ．また，$\overline{0}$ 以外の元の逆元を求めよ．

問題 9.2

体 $K$ 上の 1 変数多項式環 $K[x]$ について，以下を示せ．

(1) $f(x), g(x) \in K[x]$ について，

$$f(x) = q(x)g(x) + r(x), \ \deg r(x) < \deg g(x)$$

をみたす $q(x), r(x) \in K[x]$ がただ一通りに存在する．ただし，$\deg g(x)$ は $g(x)$ の次数を表す．

(2) $f(x) \in K[x]$ と $a \in K$ に対して $f(a) = 0$ が成り立つとき，

$$f(x) = (x - a)g(x), \ \ g(x) \in K[x], \ \ \deg g(x) = \deg f(x) - 1$$

と表せる（**因数定理**）．

(3) $f(x) \in K[x]$ の次数を $n$, $a_1, a_2, \ldots, a_n \in K$ を $f(a_i) = 0$ をみたす互

いに異なる元とする．このとき，$f(x) = a(x-a_1)(x-a_2)\cdots(x-a_n)$ $(a \in K)$ と表せる．

## 問題 9.3

次の有限体の乗法群の生成元を一つ求めよ．

(1) $(\mathbb{Z}/11\mathbb{Z})^*$          (2) $(\mathbb{Z}/17\mathbb{Z})^*$          (3) $(\mathbb{Z}/23\mathbb{Z})^*$

## 問題 9.4

$\mathbb{Q}[x]$ で $x^3 + x + 1$ を法とするとき，次の式を 2 次以下の多項式 $g(x)$ を用いて $\overline{g(x)}$ の形で表せ．

(1) $\overline{x^4}$          (2) $\overline{x} \cdot \overline{x^2 + x + 1}$          (3) $\overline{(x+1)}^3$

## 問題 9.5

次の問いに答えよ．

(1) $x^3 + x + 1$ は $\mathbb{F}_2[x]$ において因数分解されないことを示せ．

(2) $\mathbb{F}_2[x]$ の元を法 $x^3 + x + 1$ のもとで考えるとき，表 9.2（141 ページ）にならって，$F = \{\overline{0}, \overline{1}, \overline{x}, \overline{x+1}, \overline{x^2}, \overline{x^2+1}, \overline{x^2+x}, \overline{x^2+x+1}\}$ の加法と乗法についての演算表をつくることにより，$F$ は 8 個の元からなる有限体であることを確かめよ．

(3) $\overline{x}$ が $F$ の乗法群 $F^*$ の生成元であることを，$\overline{x}$ のべき乗を計算することで確かめよ．

## 問題 9.6

$p = 19$ として，$(\mathbb{Z}/19\mathbb{Z})^*$ を用いたエルガマル暗号を考えよう．

(1) $g = \overline{2}$ は $(\mathbb{Z}/19\mathbb{Z})^*$ の生成元であることを示せ．

(2) $x = 8$ を秘密鍵とするとき，$y = \overline{2}^x$ を計算せよ．

(3) $p = 19$，$g = \overline{2}$ と (2) で求めた $y$ から定まる公開鍵 $(p, g, y)$ を用いて，平文 $m = \overline{4}$ を暗号化せよ．ただし，暗号化の際の乱数 $r$ は $r = 5$ を用いよ．

┌─ **コラム　楕円曲線暗号** ─────────────

　エルガマル暗号の本質は，有限体の乗法群を用いることではなく，離散対数問題を解くことが困難な有限巡回群を用いることにある．このことを利用して作られているのが**楕円曲線暗号**である．

　楕円曲線とは，$y^2 = x^3 + ax + b$ の形の方程式で定義される曲線であり，この方程式の解 $(x, y)$ 全体に形式的に $\mathcal{O}$ という点を加えた集合は群になる．$a, b$ が実数のとき，$\mathcal{O}$ を単位元，$P = (x, y)$ の逆元を $-P = (x, -y)$ とする群の演算 $+$ は次のように定義される．

(i)　$P = (x_1, y_1), Q = (x_2, y_2)\ (x_1 \neq x_2)$ のとき，$P, Q$ を通る直線と楕円曲線との三つめの交点 $R = (x_3, y_3)$ をとり，$P + Q = (x_3, -y_3)$ と定める．

(ii)　$P = Q = (x_1, y_1)\ (y_1 \neq 0)$ のとき，$P$ を通る接線と楕円曲線とのもう一つの交点 $R = (x_3, y_3)$ をとり，$2P = (x_3, -y_3)$ と定める．

(iii)　$P = (x_1, y_1), Q = (x_2, y_2)\ (x_1 = x_2,\ y_1 = -y_2)$ のとき，$P + Q = \mathcal{O}$ と定める．（$\mathcal{O}$ は幾何的には $y$ 軸方向の無限遠にある「点」と思えばよい．）

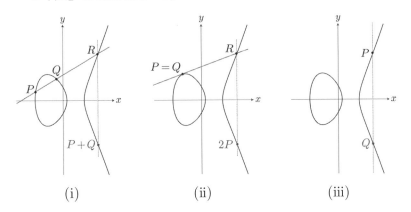

(i)　　　　　　　　(ii)　　　　　　　　(iii)

　方程式の係数や解を一般の体 $K$ で考えた場合，(i) や (ii) で $x_3, y_3$ を求める式を体 $K$ 上で考えることで群の演算が定義される．楕円曲線暗号は，有限体 $K$ に対して定義される楕円曲線における位数の大きな点 $P$ が生成する巡回群 $\langle P \rangle$ を用いて構成される．

# 第 **10** 章

# 環論・体論への橋渡し

本章では，環・体の締めくくりとして，$\mathbb{Z}/n\mathbb{Z}$ を剰余環ととらえる見方やそこで大切になるイデアルの概念，環の準同型定理を紹介するとともに，体では標数の概念や剰余環による拡大体の構成を紹介する．

**本章での主な学習内容** ——————
イデアル，剰余環，環の準同型定理，標数，拡大体の構成．

# 10.1　イデアルと剰余環

　第8章で$\mathbb{Z}/n\mathbb{Z}$が＋と・という2種類の二項演算によって環になることをみた．一方，第7章では，$\mathbb{Z}/n\mathbb{Z}$は，群$\mathbb{Z}$の正規部分群$n\mathbb{Z}$による剰余群であることをみた．実は，環にも群と同様に「剰余」の概念があり，$\mathbb{Z}/n\mathbb{Z}$も，環$\mathbb{Z}$の「剰余」をとったものとみることができる．

　ここでは，環$\mathbb{Z}/n\mathbb{Z}$を「剰余環」という概念を用いて代数学的にきちんととらえ直すことにしたい．これにより，$\mathbb{Z}/n\mathbb{Z}$を一般化したものとして，一般の可換環$R$に対して剰余環$R/I$を考えることができるようになるとともに，$\mathbb{Z}/p\mathbb{Z}$でない有限体の構成もこの枠組みでとらえることができるようになる．

## ■ 10.1.1　イデアル

　剰余群では正規部分群の概念が重要であったが，剰余環で重要になるのは「イデアル」の概念である．

---

**定義**

　可換環$R$の部分集合$I$が次の性質をみたすとき，$I$を$R$の**イデアル**という．

1. $I$の任意の元$a, b$に対して，$a + b \in I$が成り立つ．

2. $R$の任意の元$r$と$I$の任意の元$a$に対して，$r \cdot a \in I$が成り立つ．

---

　環に登場する概念は線形代数に登場する概念と類似していることが多い．イデアルの定義は線形代数における部分ベクトル空間の定義に似ている．群と同様に環にも部分環の概念（環$R$の部分集合で$R$と同じ演算で環になるもの）はあるが，環の理論ではイデアルがより重要になる．

環 $R$ に対して，$0$ のみからなる集合 $\{0\}$ と $R$ 自身は，ともに $R$ のイデアルである．これらを**自明なイデアル**という．

$R$ を $+$ に関するアーベル群としてみるとき，イデアル $I$ は定義から，$a, b \in I$ ならば $a - b = a + (-1)b \in I$ より，$R$ の部分群である．

**例 10.1** 2 以上の任意の整数 $n$ に対して，環 $\mathbb{Z}$ の部分集合 $n\mathbb{Z} = \{kn \mid k \in \mathbb{Z}\}$ を考える．$kn, \ell n \in n\mathbb{Z}$ に対して，$kn + \ell n = (k+\ell)n \in n\mathbb{Z}$ であり，$kn \in n\mathbb{Z}$ と $r \in \mathbb{Z}$ に対して，$r(kn) = (rk)n \in n\mathbb{Z}$ であるから，$n\mathbb{Z}$ は $\mathbb{Z}$ のイデアルである．

**例 10.2** 多項式環 $\mathbb{Z}[x]$ において，次数が 1 以上の多項式 $f(x)$ に対して，$I = \{g(x)f(x) \mid g(x) \in \mathbb{Z}[x]\}$ とおく．$g_1(x)f(x), g_2(x)f(x) \in I$ に対して，$g_1(x)f(x) + g_2(x)f(x) = (g_1(x) + g_2(x))f(x) \in I$ であり，$g(x)f(x) \in I$ と $r(x) \in \mathbb{Z}[x]$ に対して，$r(x)(g(x)f(x)) = (r(x)g(x))f(x) \in I$ であるから，$I$ は $\mathbb{Z}[x]$ のイデアルである．

**例 10.3** 可換環 $R$ の元 $a_1, a_2, \ldots, a_n$ に対して，$R$ の部分集合 $I$ を

$$I = \left\{ \sum_{k=1}^{n} r_i a_i \;\middle|\; r_i \in R \; (i = 1, 2, \ldots, n) \right\}$$

とおく．$\displaystyle\sum_{k=1}^{n} r_i a_i, \sum_{k=1}^{n} r'_i a_i \in I$ に対して，

$$\sum_{k=1}^{n} r_i a_i + \sum_{k=1}^{n} r'_i a_i = \sum_{k=1}^{n} (r_i + r'_i) a_i \in I$$

であり，$\displaystyle\sum_{k=1}^{n} r_i a_i \in I$ と $r \in R$ に対して，

$$r \cdot \sum_{k=1}^{n} r_i a_i = \sum_{k=1}^{n} (r \cdot r_i) a_i \in I$$

であるから，$I$ は $R$ のイデアルである．

---
**定義**

可換環 $R$ の元 $a_1, a_2, \ldots, a_n$ に対して,

$$\left\{ \sum_{k=1}^{n} r_i a_i \;\middle|\; r_i \in R \; (i = 1, 2, \ldots, n) \right\}$$

によって定まるイデアルを $a_1, a_2, \ldots, a_n$ で**生成されるイデアル**と
よび,

$$(a_1, a_2, \ldots, a_n)$$

で表す. とくに $n = 1$ のとき, すなわち, 一つの元で生成されると
き, そのようなイデアルを**単項イデアル**とよぶ.

---

　　生成されるイデアルの定義は, 線形代数における「有限個のベクトルで生
成される部分ベクトル空間」の定義に似ている. 生成される部分ベクトル空
間のときと同様に, イデアルを生成する元の集合は一通りには定まらない.
たとえば, $\mathbb{Z}$ のイデアル $(2)$ は $(2, 4)$ とも表せる (例 10.4).

**例 10.4**　$\mathbb{Z}$ のイデアル $(2), (2, 4)$ について, $(2, 4) = (2)$ を確か
めよう. $2 \in (2, 4)$ より, $(2) \subset (2, 4)$ である. また, $2 \in (2)$ と
$4 = 2 \cdot 2 \in (2)$ より, イデアルの定義から, 任意の $r_1, r_2 \in \mathbb{Z}$ に対
して $r_1 \cdot 2 + r_2 \cdot 4 \in (2)$ である. よって, $(2, 4) \subset (2)$. 以上より,
$(2) \subset (2, 4)$ かつ $(2, 4) \subset (2)$ であるので, $(2, 4) = (2)$ が成り立つ.

**例 10.5**　環 $R$ の自明なイデアルはどちらも単項イデアルである.
$(0) = \{r \cdot 0 \mid r \in R\} = \{0\}$ より, $0$ のみからなるイデアルは $(0)$ と
表せる. また, $(1) = \{r \cdot 1 \mid r \in R\}$ であるが, $r \cdot 1 = r$ であるから,
$(1) = R$ である.

　一般に, ある元がイデアル $I$ の元であるかどうかを調べたり, 二つの
イデアル $I, J$ の間に包含関係があるかどうかを調べるのは難しいが, 単
項イデアルの場合は容易に調べることができる.

---

**定理 10.1**

$(a), (b)$ を可換環 $R$ の単項イデアル，$r$ を $R$ の元とするとき，次が成り立つ．

1. $r \in (a) \Longleftrightarrow a \mid r$
2. $(a) \subset (b) \Longleftrightarrow b \mid a$

ただし，可換環 $R$ の元 $r, s$ に対して，$s \mid r$ は $r = cs$ となる $R$ の元 $c$ があることを表す記号である．

---

記号 $\mid$ は，整数に対して「割り切れる」ことを表す記号 (13 ページ) と同じである．

---

**証明**

1 は，$(a) = \{ca \mid c \in R\}$ であることから明らかである．

2 を示す．$(a) \subset (b)$ のとき，$a \in (b)$ であるので，1 より $b \mid a$．逆に $b \mid a$ であるとき，$a = rb$ $(r \in R)$ と表せるから，次が成り立つ．

$$(a) = \{ca \mid c \in R\} = \{c(rb) \mid c \in R\} \subset \{sb \mid s \in R\} = (b).$$

---

環の中には，すべてのイデアルが単項イデアルであるものがある．

---

**定理 10.2**

環 $\mathbb{Z}$ のすべてのイデアルは単項イデアルである．

---

**証明**

$I$ を $\mathbb{Z}$ のイデアルとする．$\{0\}$ は単項イデアルなので，以下，$I \neq \{0\}$ とする．

$I \neq \{0\}$ のとき, $a \in I$ で $a \neq 0$ であるものがとれる. $a < 0$ ならば $-a = (-1) \cdot a \in I$ であるので, $a > 0$ としてよい.

ここで, $a_0$ を集合 $\{a \in I \mid a > 0\}$ の中の最小の元, すなわち, $I$ に含まれる最小の正の整数とする. $a_0 \in I$ より, $(a_0) \subset I$ である.

$I \subset (a_0)$ を示す. $b \in I$ に対して, $b$ を $a_0$ で割った商を $q$, 余りを $r$ $(0 \leqq r < a_0)$ とすると, $b = qa_0 + r$ と表せる. $qa_0, b \in I$ より, $r = b - qa_0 \in I$ である. もし $r > 0$ ならば, $a_0$ の最小性に矛盾するので $r = 0$ である. よって, $b = qa_0$ であるから, $b \in (a_0)$ が得られる. これが任意の $b \in I$ に対して成り立つので, $I \subset (a_0)$ である.

以上より, $(a_0) \subset I$ かつ $I \subset (a_0)$ が示されたので, $I = (a_0)$ である.

---

すべてのイデアルが単項イデアルであるような環として, 他には体 $K$ 上の 1 変数多項式環 $K[x]$ などがある (問題 10.3). $\mathbb{Z}$ も $K[x]$ も, すべてのイデアルが単項イデアルであり, かつ, どちらも整域である. すべてのイデアルが単項イデアルである整域を**単項イデアル整域**という.

---

### 定理 10.3

$R$ を $\mathbb{Z}$ または $K[x]$ ($K$ は体) とする. このとき, $a_1, a_2, \ldots, a_n \in R$ に対して, $\gcd(a_1, a_2, \ldots, a_n) = a$ とおくと, 次が成り立つ.

$$(a_1, a_2, \ldots, a_n) = (a)$$

---

$K[x]$ でも, $\mathbb{Z}$ と同様に最大公約数が定義できる.

---

**証明**

$n$ に関する数学的帰納法で示す.

$n = 1$ のときは明らかである.

$n = k$ のとき正しいと仮定する. すなわち, $\gcd(a_1, a_2, \ldots, a_k) = a$

とおくとき, $(a_1, a_2, \ldots, a_k) = (a)$ が成り立つと仮定する.

$n = k+1$ のとき, $\gcd(a_1, a_2, \ldots, a_{k+1}) = a$ とおくと, $a_i = d_i a$ ($i = 1, 2, \ldots, k+1$) となる $d_i \in R$ が存在するので, $a_i \in (a)$ であり, $(a_1, a_2, \ldots, a_{k+1}) \subset (a)$ が成り立つ. $(a) \subset (a_1, a_2, \ldots, a_{k+1})$ を示そう. $\gcd(a_1, a_2, \ldots, a_k) = a'$ とおくと,

$$\gcd(a_1, a_2, \ldots, a_{k+1}) = \gcd(a', a_{k+1})$$

より, $\gcd(a', a_{k+1}) = a$ となる. ここで, 拡張ユークリッド互除法 (121 ページ) より, $\alpha a' + \beta a_{k+1} = a$ となる $\alpha, \beta \in \mathbb{Z}$ が存在するので, $a \in (a', a_{k+1})$ である. 帰納法の仮定より, $(a_1, a_2, \ldots, a_k) = (a')$ であるから, とくに, $a' \in (a_1, a_2, \ldots, a_k)$ である. よって,

$$(a) \subset (a', a_{k+1}) \subset (a_1, a_2, \ldots, a_{k+1})$$

が得られる. 以上より, $(a) = (a_1, a_2, \ldots, a_{k+1})$ となるので, $n = k+1$ のときも成り立つ.

---

**例 10.6** $\mathbb{Z}$ のイデアル $(4, 6)$, $(12, 20, 28)$ を単項イデアルとして表してみよう.

$\gcd(4, 6) = 2$ より, $(4, 6) = (2)$ である.

$\gcd(12, 20, 28) = 4$ より, $(12, 20, 28) = (4)$ である.

**例 10.7** $\mathbb{Q}[x]$ のイデアル $(x^2 - 1, x^3 - 1)$ を単項イデアルとして表してみよう.

$$x^2 - 1 = (x+1)(x-1), \ x^3 - 1 = (x-1)(x^2 + x + 1)$$

より, $\gcd(x^2 - 1, x^3 - 1) = x - 1$ である. よって,

$$(x^2 - 1, x^3 - 1) = (x - 1)$$

が得られる.

**例 10.8**　$\mathbb{Z}[x]$ は単項イデアル整域ではない．たとえば，イデアル $(2, x)$ は単項イデアルではない．もし，単項イデアルならば，ある $\mathbb{Z}[x]$ の元 $a$ を用いて $(2, x) = (a)$ と表せるはずだが，

$$(2, x) = (a) \Longrightarrow 2 \in (a) \text{ かつ } x \in (a) \Longrightarrow a|2 \text{ かつ } a|x$$

より，そのような $a$ は $\pm 1$ のみである．$(1) = (-1) = \mathbb{Z}[x]$ であるから，これは $(2, x) \neq \mathbb{Z}[x]$ に反する．ゆえに，$(2, x)$ は単項イデアルではない．

### ■ 10.1.2　剰余環

---

**定理 10.4**

　可換環 $R$ と $R$ のイデアル $I$ に対して，$R/I$ を，$R$ を $+$ に関する群，$I$ をその正規部分群とみたときの剰余群とする．このとき，$R/I$ の任意の元 $\overline{a}, \overline{b}$ に対して，二項演算 $\overline{a} \cdot \overline{b}$ を $a \cdot b \in R$ が定める剰余類 $\overline{a \cdot b}$ で定義すると，$R/I$ は環になる．

---

**証明**

　まず，$\overline{a} \cdot \overline{b} = \overline{a \cdot b}$ で積が定まることを示す．$\overline{a} = \overline{a'}, \overline{b} = \overline{b'}$ とすると，$a' = a + u, b' = b + v$ となる $u, v \in I$ が存在する．

$$
\begin{aligned}
\overline{a'} \cdot \overline{b'} &= \overline{a + u} \cdot \overline{b + v} \\
&= \overline{(a + u) \cdot (b + v)} && \text{(積の定義より)} \\
&= \overline{a \cdot b + a \cdot v + b \cdot u + u \cdot v} \\
&= \overline{a \cdot b} && (a \cdot v, b \cdot u, u \cdot v \in I \text{ より}) \\
&= \overline{a} \cdot \overline{b} && \text{(積の定義より)}
\end{aligned}
$$

よって，剰余類の表し方によらず積の結果が定まることが示された．
　環の四つの条件をみたすことを示そう．

+ に関してはアーベル群の剰余群であるので，アーベル群である
ことは明らかである．

　環 $R$ において結合法則が成り立っていることと $R/I$ での積・の
定義より，任意の $a, b, c \in R$ に対して，

$$(\overline{a} \cdot \overline{b}) \cdot \overline{c} = \overline{a \cdot b} \cdot \overline{c} = \overline{(a \cdot b) \cdot c} = \overline{a \cdot (b \cdot c)} = \overline{a} \cdot \overline{b \cdot c} = \overline{a} \cdot (\overline{b} \cdot \overline{c})$$

が成り立つ．よって，積・に関する結合法則が成り立つ．

　また，環 $R$ において分配法則が成り立っていることと演算 $+$, $\cdot$
の定義より，任意の $a, b, c \in R$ に対して，

$$\overline{a} \cdot (\overline{b} + \overline{c}) = \overline{a} \cdot \overline{b + c} = \overline{a \cdot (b + c)} = \overline{a \cdot b + a \cdot c} = \overline{a} \cdot \overline{b} + \overline{a} \cdot \overline{c}$$

が成り立つ．$R$ は可換環なので，$(\overline{a} + \overline{b}) \cdot \overline{c} = \overline{a} \cdot \overline{c} + \overline{b} \cdot \overline{c}$ も成り立
つ．よって，分配法則も成り立つ．

　$\overline{1} \in R/I$ であり，

$$\overline{a} \cdot \overline{1} = \overline{a \cdot 1} = \overline{a}, \ \ \overline{1} \cdot \overline{a} = \overline{1 \cdot a} = \overline{a}$$

であることより，$\overline{1}$ が $R/I$ の単位元である．

　以上より，$R/I$ は環である．

---

**定義**

　定理 10.4 によって定まる環 $R/I$ を，$R$ の $I$ による**剰余環**という．

---

**例 10.9**　2 以上の整数 $n$ に対して，$\mathbb{Z}/n\mathbb{Z}$ は，$\mathbb{Z}$ のイデアル $(n)$ に
よる剰余環である．

**例 10.10**　体 $K$ 上の多項式環 $K[x]$ において，次数 $n$ の多項式
$g(x) \in K[x]$ をとり，$I = (g(x))$ とおくと，

$$K[x]/(g(x)) = \{\overline{f(x)} \mid f(x) \in K[x], \deg f(x) \le n - 1\}$$

である．$\overline{a(x)}, \overline{b(x)} \in K[x]/(g(x))$ に対して，$a(x)b(x)$ を $g(x)$ で割った余りを $r(x)$ とするとき，$\overline{a(x)} \cdot \overline{b(x)} = \overline{r(x)}$ となる．

### ■ 10.1.3　環の準同型定理

環の準同型写像（117 ページ）に対しても，準同型定理とよばれる定理がある．

---

**定理 10.5**

$f$ を環 $R$ から環 $S$ への準同型写像とし，

$$\operatorname{Ker} f = \{a \in R \mid f(a) = 0\}, \ \operatorname{Im} f = \{f(a) \in S \mid a \in R\}$$

とおく（ただし，$0$ は $S$ の零元）．このとき，次が成り立つ．

1. $\operatorname{Ker} f$ は $R$ のイデアルである．

2. $\operatorname{Im} f$ は $S$ の部分環である．

3. 剰余環 $R/\operatorname{Ker} f$ と $\operatorname{Im} f$ は，$\overline{f}(\overline{a}) = f(a)$ によって定義される写像 $\overline{f}$ により同型になる．　（**準同型定理**）

$$R/\operatorname{Ker} f \cong \operatorname{Im} f$$

---

部分環の定義は，146 ページの注意を参照してほしい．

---

**証明**

　1 を示す．$\operatorname{Ker} f \subset R$ は明らかである．任意の $a, b \in \operatorname{Ker} f$ と $r \in R$ に対して，$f(a + b) = f(a) + f(b) = 0 + 0 = 0$，かつ，$f(r \cdot a) = f(r) \cdot f(a) = f(r) \cdot 0 = 0$ より，$a + b \in \operatorname{Ker} f$ かつ $r \cdot a \in \operatorname{Ker} f$ である．よって，$\operatorname{Ker} f$ は $R$ のイデアルである．

<u>2 を示す</u>．$\mathrm{Im}\, f \subset S$ は明らかである．$f(a), f(b) \in \mathrm{Im}\, f$ に対して，$f(a) + f(b) = f(a+b) \in \mathrm{Im}\, f$ と $f(a) \cdot f(b) = f(a \cdot b) \in \mathrm{Im}\, f$ より，$\mathrm{Im}\, f$ は $S$ の演算について閉じている．さらに，$-f(a) = f(-a) \in \mathrm{Im}\, f, 0 = f(0) \in \mathrm{Im}\, f, 1 = f(1) \in \mathrm{Im}\, f$ である．環の定義の残りの性質（「$\cdot$」「$+$」に関する結合法則や分配法則）が成り立つことは $S$ が環であることから明らかである．よって，$\mathrm{Im}\, f$ は $S$ の部分環である．

<u>3 を示す</u>．まず，$\overline{f}$ が剰余類の表し方によらずに定まることを示す．$\overline{a} = \overline{a'} \in R/\mathrm{Ker}\, f$ とすると，$a' - a \in \mathrm{Ker}\, f$ より，$a' = a + u$ となる $u \in \mathrm{Ker}\, f$ がある．よって，$f(a') = f(a+u) = f(a) + f(u) = f(a) + 0 = f(a)$ であるから，$\overline{f}$ は剰余類の表し方によらず定まる．$\overline{f}$ が準同型写像であることは，$\overline{a}, \overline{a'} \in R/\mathrm{Ker}\, f$ に対して，

$$\overline{f}(\overline{a} + \overline{a'}) = \overline{f}(\overline{a+a'}) = f(a+a') = f(a) + f(a') = \overline{f}(\overline{a}) + \overline{f}(\overline{a'})$$

$$\overline{f}(\overline{a} \cdot \overline{a'}) = \overline{f}(\overline{aa'}) = f(aa') = f(a)f(a') = \overline{f}(\overline{a})\overline{f}(\overline{a'})$$

$$\overline{f}(\overline{1}) = f(1) = 1$$

よりわかる．$\overline{f}$ が $\mathrm{Im}\, f$ への全射を与えることは $\mathrm{Im}\, f$ の定義から明らかである．あとは $\overline{f}$ が単射であることを示せばよいが，これには「$\overline{f}(\overline{a}) = \overline{f}(\overline{a'})$ ならば $\overline{a} = \overline{a'}$」を示せばよい．$\overline{f}(\overline{a}) = \overline{f}(\overline{a'})$ とすると，$\overline{f}$ の定義から $f(a) = f(a')$ であるので，$f(a) - f(a') = 0$ となり，$f$ の準同型性より $f(a - a') = 0$ が得られる．よって，$a - a' \in \mathrm{Ker}\, f$ であるので，$\overline{a - a'} = \overline{0}$，すなわち，$\overline{a} = \overline{a'}$ である．以上より，$\overline{f}$ は同型写像であることが示された．

---

群の準同型写像のときと同様に，$\mathrm{Ker}\, f$ を $f$ の**核 (kernel)**，$\mathrm{Im}\, f$ を $f$ の**像 (image)** という．環の準同型写像 $f$ に対して，$f(0) = 0$ と，

$$f(a) = f(a') \iff f(a - a') = 0 \iff a - a' \in \mathrm{Ker}\, f$$

より，$f$ が単射であるための必要十分条件は $\mathrm{Ker}\, f = \{0\}$ である．

**例 10.11**　$n_1, n_2, \ldots, n_k$ は，どの二つも互いに素な 2 以上の整数とする．このとき，環の同型として次が成り立つ．

$$\mathbb{Z}/n_1 n_2 \cdots n_k \mathbb{Z} \cong \mathbb{Z}/n_1 \mathbb{Z} \times \mathbb{Z}/n_2 \mathbb{Z} \times \cdots \times \mathbb{Z}/n_k \mathbb{Z}$$

$i = 1, 2, \ldots, k$ に対して，$\mathbb{Z}$ から $\mathbb{Z}/n_i$ への写像 $\psi_i$ を，$x \in \mathbb{Z}$ に対して $\bar{x} \in \mathbb{Z}/n_i \mathbb{Z}$ を対応させる写像として定める．各 $\psi_i$ は環の準同型写像であるので（117 ページの例 8.13），$\psi = (\psi_1, \psi_2, \ldots, \psi_k)$ は $\mathbb{Z}$ から $\mathbb{Z}/n_1 \mathbb{Z} \times \mathbb{Z}/n_2 \mathbb{Z} \times \cdots \times \mathbb{Z}/n_k \mathbb{Z}$ への準同型写像である．$x \in \mathrm{Ker}\,\psi$ とすると，$\bar{x} = \bar{0} \in \mathbb{Z}/n_i \mathbb{Z}$ より，

$$n_i \,|\, x \quad (i = 1, 2, \ldots, k).$$

$n_i$ たちはどの二つも互いに素であるから，

$$n_1 n_2 \cdots n_k \,|\, x$$

すなわち，$x \in n_1 n_2 \cdots n_k \mathbb{Z}$ である．逆に，$x \in n_1 n_2 \cdots n_k \mathbb{Z}$ ならば $x \in \mathrm{Ker}\,\psi$ であることは明らかなので，

$$\mathrm{Ker}\,\psi = n_1 n_2 \cdots n_k \mathbb{Z}$$

である．よって，環の準同型定理（定理 10.5 の 3）より，

$$\mathbb{Z}/n_1 n_2 \cdots n_k \mathbb{Z} \cong \mathrm{Im}\,\psi \subset \mathbb{Z}/n_1 \mathbb{Z} \times \mathbb{Z}/n_2 \mathbb{Z} \times \cdots \times \mathbb{Z}/n_k \mathbb{Z}$$

となる．$\mathbb{Z}/n_1 n_2 \cdots n_k \mathbb{Z}$ と $\mathbb{Z}/n_1 \mathbb{Z} \times \mathbb{Z}/n_2 \mathbb{Z} \times \cdots \times \mathbb{Z}/n_k \mathbb{Z}$ の元の個数はともに $n_1 n_2 \cdots n_k$ であるから，次が得られる．

$$\mathbb{Z}/n_1 n_2 \cdots n_k \mathbb{Z} \cong \mathbb{Z}/n_1 \mathbb{Z} \times \mathbb{Z}/n_2 \mathbb{Z} \times \cdots \times \mathbb{Z}/n_k \mathbb{Z}$$

### ■ 10.1.4　素イデアルと極大イデアル

定理 9.1（133 ページ）でみたように，$\mathbb{Z}/n\mathbb{Z}$ は $n$ が素数のときかつそのときに限り体になる．すなわち，$\mathbb{Z}$ のイデアル $(n)$ による剰余環は，$n$

が素数のときかつそのときに限り体になる. 一般に, 剰余環がどのような性質をもつかは, イデアルの性質で特徴付けられる.

---

**定義**

$R$ を可換環, $I$ を $R$ のイデアルとする.

1. 任意の $a, b \in R$ に対して「$a \cdot b \in I$ ならば $a \in I$ または $b \in I$」が成り立つとき, $I$ は**素イデアル**であるという.

2. $I \subsetneq J \subsetneq R$ をみたすイデアル $J$ が存在しないとき, $I$ は**極大イデアル**であるという.

---

極大イデアルは素イデアルである (問題 10.5).

$$\{\,\text{極大イデアル}\,\} \subset \{\,\text{素イデアル}\,\} \subset \{\,\text{イデアル}\,\}$$

素イデアルは必ずしも極大イデアルではない. たとえば, $\mathbb{Z}[x]$ において $(x)$ は素イデアルだが, $(x) \subsetneq (2, x) \subsetneq \mathbb{Z}[x]$ より極大イデアルではない.

剰余環 $R/I$ の性質とイデアル $I$ の関係について, 次が成り立つ.

---

**定理 10.6**

$R$ を可換環, $I$ を $R$ のイデアルとするとき, 次が成り立つ.

1. $R/I$ は整域である $\iff$ $I$ は素イデアルである.

2. $R/I$ は体である $\iff$ $I$ は極大イデアルである.

---

**証明**

1 を示す. $\bar{a} = \bar{0}$ であるための必要十分条件が $a \in I$ であることと, $\bar{a} \cdot \bar{b} = \overline{a \cdot b}$ に注意すると,

$$R/I \text{ は整域である} \iff \overline{a} \cdot \overline{b} = \overline{0} \text{ ならば } \overline{a} = \overline{0} \text{ または } \overline{b} = \overline{0}$$

$$\iff a \cdot b \in I \text{ ならば } a \in I \text{ または } b \in I$$

$$\iff \quad I \text{ は素イデアルである}$$

より，1 が示される.

　$\underline{2}$を示す. まず，$R/I$ が体ならば $I$ が極大イデアルであることを示す. $J$ を $I \subsetneq J \subset R$ である $R$ のイデアルとするとき，$J = R$ であることを示せばよい. $I \subsetneq J$ より，$a \in J$ かつ $a \notin I$ である $R$ の元 $a$ が存在する. $a \notin I$ より $\overline{a} \neq \overline{0}$ であるから，$R/I$ が体であることより，$\overline{a} \cdot \overline{b} = \overline{1}$ となる $\overline{b} \in R/I$ が存在する. このとき，$a \cdot b = 1 + c$ となる $c \in I$ が存在する. $a \in J$, $b \in R$ より $a \cdot b \in J$ であり，$c \in I \subset J$ に注意すると，$1 = a \cdot b - c \in J$ となる. よって，任意の $r \in R$ に対して $r = r \cdot 1 \in J$ より $J = R$ である. したがって，$I$ は極大イデアルである. 逆を示す. $I$ を極大イデアルとして，$\overline{a}$ を $R/I$ の $\overline{0}$ でない任意の元とする.

$$J = \{ c \cdot a + b \mid c \in R, b \in I \}$$

とおくと，$J$ は $I$ を含む $R$ のイデアルとなる. ここで，$\overline{a} \neq \overline{0}$ より $a \notin I$ であるから，$I \subsetneq J$ であるが，$I$ は極大イデアルであるから $J = R$ である. よって，$1 \in J$, すなわち，$c \cdot a + b = 1$ となる $c \in R, b \in I$ がとれる. このとき，$\overline{c \cdot a + b} = \overline{1}$ であるが，$b \in I$ より $\overline{c \cdot a + b} = \overline{c \cdot a} = \overline{c} \cdot \overline{a}$ であるから，$\overline{c} \cdot \overline{a} = \overline{1}$ となる. これは $\overline{a}$ が正則元であることを示しており，$\overline{a}$ のとり方は任意であったから，これにより，$R/I$ は体であることが示された.

---

**例 10.12**　$\mathbb{Z}[x]$ のイデアル $(x), (2, x)$ はそれぞれ素イデアル，極大イデアルである. $\mathbb{Z}[x]/(x) \cong \mathbb{Z}$ であり，$\mathbb{Z}$ が整域であることより，$(x)$ は素イデアルである. また，$\mathbb{Z}[x]/(2, x) \cong \mathbb{Z}/2\mathbb{Z}$ であり，$\mathbb{Z}/2\mathbb{Z}$ が体であることより，$(2, x)$ は極大イデアルである.

# 10.2　体

## ■ 10.2.1　拡大体と部分体

> **定義**
>
> 　体 $K$ の部分集合 $F$ が，$K$ の二項演算で体になっているとき，$F$ は $K$ の **部分体** であるという．逆に，$K$ を $F$ の **拡大体** という．

**例 10.13**　$\mathbb{Q}$ は $\mathbb{R}$，$\mathbb{C}$ の部分体，$\mathbb{R}$ は $\mathbb{C}$ の部分体である．$\mathbb{R}$ は $\mathbb{Q}$ の拡大体，$\mathbb{C}$ は $\mathbb{Q}$，$\mathbb{R}$ の拡大体である．

**例 10.14**　$\mathbb{Q}(\sqrt{2}) = \{a + b\sqrt{2} \mid a, b \in \mathbb{Q}\}$ とすると，$\mathbb{Q}(\sqrt{2})$ は $\mathbb{R}$ と同じ演算で体になる（問題 10.8）．$\mathbb{Q}(\sqrt{2})$ は $\mathbb{R}$ の部分体であり，$\mathbb{Q}$ の拡大体である．

## ■ 10.2.2　体の準同型写像

　体は環の特別なものであるから，体にもイデアルや準同型写像があるが，体のイデアルと準同型写像には次のような特別な性質がある．

> **定理 10.7**
>
> 　体には自明なイデアルしかない．

**証明**

　$K$ を体とし，$I$ を $K$ のイデアルとする．$I \neq \{0\}$ とすると，$I$ の $0$ でない元 $a$ に対して，$K$ が体であることより $a^{-1} \in K$ が存在する．イデアルの定義（146 ページ）より，$a^{-1} \in K$，$a \in I$ に対して

$a^{-1} \cdot a \in I$ であるが，$a^{-1} \cdot a = 1$ であるから，$1 \in I$ となり $I = K$ である．よって，体 $K$ のイデアルは $\{0\}$ か $K$ しかない．

---

**定理 10.8**

体の間の準同型写像は，単射または零写像である．

---

**証明**

$f : K \to K'$ を体の間の準同型写像とすると，定理 10.7 より，$\mathrm{Ker}\, f$ は $\{0\}$ または $K$ である．準同型定理 (定理 10.5) とその注意 (155 ページ) から，$\mathrm{Ker}\, f = \{0\}$ のとき $f$ は単射であり，$\mathrm{Ker}\, f = K$ のとき $\mathrm{Im}\, f \cong K/\mathrm{Ker}\, f = \{\overline{0}\}$ より $f$ は零写像である．

---

### ■ 10.2.3　標数と素体

体の重要な概念の一つに「標数」がある．

---

**定義**

体 $K$ に対して，$1 \in K$ を $n$ 個足し合わせたものを $n1$ と表すことにする．このとき，$n1 = 0$ となる最小の正の整数 $n$ を $K$ の**標数**といい，$\mathrm{char}\, K$ で表す．$n1 = 0$ となる正の整数 $n$ が存在しない場合，標数は 0 であるといい，$\mathrm{char}\, K = 0$ と表す．

---

標数とは要するに，1 を整数倍するとき，何倍したら 0 になるかを表す数である．標数が 0 であるとは，1 は 0 倍しないと 0 にならない，ということである．

**例 10.15**　$\mathrm{char}\, \mathbb{Q} = \mathrm{char}\, \mathbb{R} = \mathrm{char}\, \mathbb{C} = 0$.

**例 10.16**　素数 $p$ に対して，$\mathrm{char}\,\mathbb{Z}/p\mathbb{Z} = p$ である.

---

**定理 10.9**

体の標数は 0 または素数である.

---

**証明**

　0 でない標数は素数であることを示せばよい. 体 $K$ の標数を $n_0 > 0$ とすると，$n_0 1 = 0$ である. もし $n_0$ が素数でないとすると，$n_0 = n_1 n_2$ $(n_1, n_2$ は 2 以上の整数$)$ と表せる. このとき，

$$\overbrace{(1 + 1 + \cdots + 1)}^{n_1 \text{個}} \cdot \overbrace{(1 + 1 + \cdots + 1)}^{n_2 \text{個}} = \overbrace{1 + 1 + \cdots + 1}^{n_1 n_2 \text{個}}$$

より，$(n_1 1) \cdot (n_2 1) = (n_1 n_2)1 = n_0 1 = 0$ である. $n_1, n_2 < n$ であるから，$n_1 1$ も $n_2 1$ も 0 ではない. 体では，0 でない元は積に関する逆元をもつから，$(n_1 1)^{-1}$ が存在する. $(n_1 1)^{-1}$ を $(n_1 1) \cdot (n_2 1) = 0$ の両辺に掛けると，$n_2 1 = 0$ となり，$n_2 1 \neq 0$ に反する. よって，$n_0$ は素数である.

---

**定理 10.10**

　標数が 0 である体は $\mathbb{Q}$ と同型な部分体をもつ. 標数が $p(> 0)$ である体は $\mathbb{Z}/p\mathbb{Z}$ と同型な部分体をもつ.

---

**証明**

　体 $K$ に対して，$\mathbb{Z}$ から $K$ への写像 $f$ を次のように定める.

$$f(n) = \begin{cases} n1 & (n > 0) \\ 0 & (n = 0) \\ -(|n|1) & (n < 0) \end{cases}$$

ただし，正の整数 $n$ に対して $n1$ は $1 \in K$ を $n$ 個足し合わせたものを表す．このとき，$f$ が環の準同型写像であることは明らかである．以下，整数 $n$ に対して，$f(n)$ を $n1$ で表す．

$K$ を標数が $0$ である体とする．$\mathbb{Q}$ から $K$ への写像 $\tilde{f}$ を，$\mathbb{Q}$ の元 $\frac{a}{b}$ ($a, b$ は整数，$b \neq 0$) に対して $\tilde{f}(\frac{a}{b}) = (a1) \cdot (b1)^{-1}$ で定める．$\frac{a}{b} = \frac{a'}{b'}$ に対して，$ab' = a'b$ より，$(a1) \cdot (b'1) = (a'1) \cdot (b1)$ であるので，$b \neq 0$，$b' \neq 0$ と $K$ の標数が $0$ であることより，$(b1)^{-1}$，$(b'1)^{-1}$ が存在して，$(a1) \cdot (b1)^{-1} = (a'1) \cdot (b'1)^{-1}$ となる．よって，$\tilde{f}$ は $\mathbb{Q}$ の元の表し方によらずに定まる．$\frac{a}{b}, \frac{c}{d} \in \mathbb{Q}$ に対して，

$$\tilde{f}(\frac{a}{b} + \frac{c}{d}) = \tilde{f}(\frac{ad + bc}{bd}) = ((ad + bc)1) \cdot ((bd)1)^{-1}$$

$$\begin{aligned} \tilde{f}(\frac{a}{b}) + \tilde{f}(\frac{c}{d}) &= \tilde{f}(\frac{ad}{bd}) + \tilde{f}(\frac{bc}{bd}) \\ &= ((ad)1) \cdot ((bd)1)^{-1} + ((bc)1) \cdot ((bd)1)^{-1} \\ &= ((ad + bc)1) \cdot ((bd)1)^{-1} \end{aligned}$$

$$\tilde{f}(\frac{a}{b} \cdot \frac{c}{d}) = \tilde{f}(\frac{ac}{bd}) = ((ac)1) \cdot ((bd)1)^{-1}$$

$$\tilde{f}(\frac{a}{b}) \cdot \tilde{f}(\frac{c}{d}) = (a1) \cdot (b1)^{-1} \cdot (c1) \cdot (d1)^{-1} = ((ac)1) \cdot ((bd)1)^{-1}$$

である．$\tilde{f}(1) = 1$ は明らかなので，$\tilde{f}$ は準同型写像である．さらに，$\frac{a}{b} \in \mathrm{Ker}\,\tilde{f}$ ならば，$(a1)(b1)^{-1} = 0$ より $a1 = 0$ であるが，標数が $0$ であることから $a = 0$ であるので，$\mathrm{Ker}\,\tilde{f} = \{0\}$ となる．よって，$\tilde{f}$ は単射であり（155 ページの注意参照），$K$ の部分体 $\mathrm{Im}\,\tilde{f}$ は $\mathbb{Q}$ と同型である．

$K$ を標数が $p (> 0)$ である体とする．写像 $f : \mathbb{Z} \to K$ ($f(n) = n1$) について，

$$m \in \mathrm{Ker}\,f \iff m1 = 0 \iff m \text{ は } K \text{ の標数の倍数である}$$

より，$\operatorname{Ker} f = p\mathbb{Z}$ である．よって，環の準同型定理（154 ページ）より，$\mathbb{Z}/p\mathbb{Z} \cong \operatorname{Im} f \subset K$ であるので，$K$ は $\mathbb{Z}/p\mathbb{Z}$ と同型な部分体をもつ．

---

定理 10.10 における $\mathbb{Q}$ と同型な体や $\mathbb{Z}/p\mathbb{Z}$ と同型な体を**素体**という．素体は，体に含まれる最小の部分体である．

## ■ 10.2.4 有限体

┌─ **定義** ─────────────────────────────
有限体の元の個数をその有限体の**位数**という．位数 $q$ の有限体を $\mathbb{F}_q$ で表す．
└──────────────────────────────────

┌─ **定理 10.11** ───────────────────────
有限体の標数は素数である．
└──────────────────────────────────

---

**証明**

定理 10.9 より，有限体の標数が $0$ でないことを示せばよい．有限体 $\mathbb{F}_q$ に対して，$n1$ $(n = 1, 2, 3, \dots)$ の集合を考えると，

$$\{n1 \mid n = 1, 2, 3, \dots\} \subset \mathbb{F}_q$$

であり，$\mathbb{F}_q$ の元の個数は有限個であるので，$n1 = n'1$ となる正の整数 $n$ と $n'$ $(n > n')$ が存在する．これより，

$$(n - n')1 = 0 \qquad (n - n' > 0)$$

が得られるので，標数は $n - n'$ 以下である．すなわち，$\mathbb{F}_q$ の標数は $0$ ではない．

---

> **定理 10.12**
>
> $\mathbb{F}_q$ の標数が $p$ であるとき，$q = p^r$ となる正の整数 $r$ が存在する.

**証明**

　$\mathbb{F}_q$ の素体を $F$ とおくと，定理 10.10 より，$F$ は $\mathbb{Z}/p\mathbb{Z}$ と同型であるから，$F$ の位数は $p$ である.

　ここで，$\mathbb{F}_q$ は，$a, b \in \mathbb{F}_q$ に対して $a + b$ を対応させる演算を加法，$F$ の元 $c$ と $\mathbb{F}_q$ の元 $a$ に対して $c \cdot a$ を対応させる演算をスカラー倍として，$F$ 上のベクトル空間となる. $\mathbb{F}_q$ の元の個数は有限なので，$\mathbb{F}_q$ は有限次元ベクトル空間である. よって，有限個の元からなる基底がとれるので，基底の一つを $a_1, a_2, \ldots, a_r$ として，

$$\mathbb{F}_q = \{ c_1 \cdot a_1 + c_2 \cdot a_2 + \cdots + c_r \cdot a_r \,|\, c_1, c_2, \ldots, c_r \in F \}$$

と表せる. $\mathbb{F}_q$ の元の個数は上式の右辺の集合の元の個数と一致するので，$q = p^r$ である.

## ■ 10.2.5　剰余環による拡大体の構成と有限体の構成

　素体でない有限体を $\mathbb{F}_p = \mathbb{Z}/p\mathbb{Z}$ から構成する方法を示そう. 構成には $\mathbb{F}_p$ 上の多項式環を用いる. まずは必要な言葉の準備から始める. 以下では，$\mathbb{F}_p = \{0, 1, 2, \ldots, p-1\}$ で $\mathbb{F}_p$ の元を表すことにする.

> **定義**
>
> 　体 $K$ に対して，$f(x) \in K[x]$ が，1 次以上の二つの多項式 $g(x), h(x) \in K[x]$ の積に表せないとき，$f(x)$ は $K$ 上**既約**であるという. $K$ 上既約でない多項式を $K$ 上**可約**であるという.

**例 10.17**　$x^2 + x + 1$ は $\mathbb{F}_2$ 上既約である. もし既約でないとす

ると $x^2 + x + 1 = (x+a)(x+b)$ $(a, b \in \mathbb{F}_2)$ と分解されるが,
$1^2 + 1 + 1 = 1 \neq 0, 0^2 + 0 + 1 = 1 \neq 0$ より, そのような $a, b$ は存
在しない. 一方, $x^2 + x + 1$ は $\mathbb{F}_3$ 上では, $x^2 + x + 1 = (x-1)^2$ と
分解するから可約である ($\mathbb{F}_3[x]$ では $-2x = x$ であることに注意).

**例 10.18** $x^2 + 1$ は $\mathbb{F}_2$ 上可約である. $x^2 + 1$ は $\mathbb{F}_2$ 上では, $x^2 + 1 =$
$(x+1)^2$ と分解する ($\mathbb{F}_2[x]$ では $x + x = 0$ であることに注意). 一
方, $\mathbb{F}_3$ 上では, もし可約ならば, $x^2 + 1 = (x-a)(x-b)$ の形に分
解されるが, $0^2 + 1 = 1 \neq 0, 1^2 + 1 = 2 \neq 0, 2^2 + 1 = 2 \neq 0$ より,
そのような $a, b$ は存在しない. よって, $x^2 + 1$ は $\mathbb{F}_3$ 上既約である.

有限体上の多項式以外での例も挙げておこう.

**例 10.19** $x^2 - 2$ は $\mathbb{Q}$ 上既約であるが, $x^2 - 2 = (x+\sqrt{2})(x-\sqrt{2})$
より $\mathbb{R}$ 上可約である.

これらの例からわかるように, 同じ多項式であっても, どの体上の多
項式であるかによって既約かどうかが異なるので注意が必要である.

---

**定理 10.13**

体 $K$ に対して, $f(x)$ を次数 $n$ の $K$ 上既約な多項式とする. この
とき, $f(x)$ で生成される単項イデアル $(f(x))$ による $K[x]$ の剰余環
$K[x]/(f(x))$ は体である.

---

**証明**

定理 10.6 (157 ページ) より, $(f(x))$ が極大イデアルであることを
示せばよい. 定理 10.2 の注意 (150 ページ) により, $K[x]$ は単項イデ
アル整域であるので, $(f(x))$ を含むイデアル $I$ は $I = (g(x))$ と表せ
る. $(f(x)) \subset (g(x))$ より $g(x) \mid f(x)$ であるから (149 ページの定理

10.1)，$f(x) = g(x)h(x)$ となる $h(x) \in K[x]$ が存在する．ここで，$f(x)$ は $K$ 上既約であるから，$g(x)$ か $h(x)$ のどちらかは定数である．$g(x)$ が定数のとき $I = (g(x)) = (1) = K[x]$ であり，$h(x)$ が定数のとき $I = (g(x)) = (f(x))$ である．よって，$(f(x)) \subsetneq I \subsetneq K[x]$ となるイデアル $I$ は存在しないので，$(f(x))$ は極大イデアルである．

---

　　　$K \subset K[x]/(f(x))$ より，$K[x]/(f(x))$ が体となるとき，$K[x]/(f(x))$ は $K$ の拡大体となる．

**例 10.20**　$\mathbb{Q}[x]/(x^2 - 2)$ は体である．さらに，$\mathbb{Q}[x]/(x^2 - 2)$ は $\mathbb{Q}(\sqrt{2}) = \{a + b\sqrt{2} \mid a, b \in \mathbb{Q}\}$（159 ページの例 10.14）と同型な体である．$g(x) \in \mathbb{Q}[x]$ に対して $g(\sqrt{2}) \in \mathbb{Q}(\sqrt{2})$ を対応させる写像 $f : \mathbb{Q}[x] \to \mathbb{Q}(\sqrt{2})$ を考えると，$f$ は環の準同型写像であり，$g(\sqrt{2}) = 0$ となる多項式 $g(x) \in \mathbb{Q}[x]$ は $x^2 - 2$ で割り切れることから $\mathrm{Ker}\, f = (x^2 - 2)$ である．$f$ の全射性は $\mathbb{Q}(\sqrt{2}) = \{a + b\sqrt{2} \mid a, b \in \mathbb{Q}\}$ より明らかなので，環の準同型定理より，$\mathbb{Q}[x]/(x^2 - 2) \cong \mathbb{Q}(\sqrt{2})$ となる．

定理 10.13 を $K$ が有限体のときに適用することで，有限体の構成に関する次の定理が得られる．

---

**定理 10.14**

　$f(x)$ を次数 $n$ の $\mathbb{F}_p$ 上既約な多項式とする．このとき，剰余環 $\mathbb{F}_p[x]/(f(x))$ は位数 $p^n$ の有限体である．

---

**証明**

　$\mathbb{F}_p[x]/(f(x))$ が体となることは定理 10.13 によりすでに示されているので，$\mathbb{F}_p[x]/(f(x))$ の位数が $p^n$ となることのみ示せばよい．$f(x)$ の次数が $n$ であることより，剰余環 $\mathbb{F}_p[x]/(f(x))$ の元は，

$$c_0 \cdot 1 + c_1 \cdot x + \cdots + c_{n-1} \cdot x^{n-1} \quad (c_0, c_1, \ldots, c_{n-1} \in \mathbb{F}_p)$$

の形で一意的に表される. $\mathbb{F}_p[x]/(f(x))$ の元の個数は $c_0, c_1, \ldots, c_{n-1}$ のとり方の総数だけあるので, $\mathbb{F}_p[x]/(f(x))$ の位数は $p^n$ である.

---

**例 10.21** $\mathbb{F}_2[x]/(x^2 + x + 1)$ は位数 4 の有限体である. 実際, $x^2 + x + 1$ は $\mathbb{F}_2$ 上既約であるので (例 10.17), 定理 10.14 より, $\mathbb{F}_2[x]/(x^2 + x + 1)$ は位数 $2^2 = 4$ の有限体である.

**例 10.22** $\mathbb{F}_3[x]/(x^2 + 1)$ は位数 9 の有限体である. 実際, $x^2 + 1$ は $\mathbb{F}_3$ 上既約であるので (例 10.18), 定理 10.14 より, $\mathbb{F}_3[x]/(x^2 + 1)$ は位数 $3^2 = 9$ の有限体である.

実は, 有限体については次のことが知られている.

**定理 10.15**

位数が同じ有限体は互いに同型である.

証明は本書のレベルを超えるのでここでは省略する. 興味のある読者は代数学の教科書 (たとえば, 172 ページの [2] など) を読んでほしい.

定理 10.14 と定理 10.15 により, 素数 $p$ に対して, 有限体 $\mathbb{F}_{p^n}$ は, $\mathbb{F}_p$ 上既約な $n$ 次多項式 $f(x)$ を用いて,

$$\mathbb{F}_{p^n} \cong \mathbb{F}_p[x]/(f(x))$$

と表せる.

さらに, 次のことも成り立つ.

**定理 10.16**

有限体 $\mathbb{F}_q$ の乗法群 $\mathbb{F}_q^*$ は巡回群である.

有限体 $\mathbb{F}_q$ の乗法群 $\mathbb{F}_q^*$ の生成元を $\mathbb{F}_q$ の**原始根**という.

定理 10.16 は定理 9.2（134 ページ）と同様にして証明できるが，ここでは省略する. この定理により，一般の有限体 $\mathbb{F}_q$ の乗法群 $(\mathbb{F}_q)^*$ を用いて，エルガマル暗号を構成できることがわかる.

**演習問題**

**問題 10.1**

次の環 $R$ とその部分集合 $I$ について，$I$ が $R$ のイデアルかどうか調べよ.

(1)　$R = \mathbb{Z}, I = \{a \in \mathbb{Z} \mid a \geqq 0\}$

(2)　$R = \mathbb{Q}[x], I = \{f(x) \in \mathbb{Q}[x] \mid f(x)$ は $x^3$ で割り切れる多項式 $\}$

(3)　$R = \mathbb{R}[x, y], I = \{f(x, y) \in \mathbb{R}[x, y] \mid f(1, 2) = 0\}$

(4)　$R = \mathbb{Z}/12\mathbb{Z}, I = \{\bar{0}, \bar{4}, \bar{8}\}$

**問題 10.2**

環 $R = \mathbb{R}[x, y]$ とそのイデアル $I = (x^2, x + y, y^2)$ について考える. 次の元について，$I$ の元であるかどうかを調べよ.

(1)　$x$　　　　　(2)　$xy$　　　　　(3)　$x - y$　　　　　(4)　$x^3$

(5)　$x^2 + y$　　　(6)　$x^2 + y^3$　　　(7)　$(x - y)^2$　　　(8)　$x^2 - y^2$

**問題 10.3**

体 $K$ 上の 1 変数多項式環 $K[x]$ のすべてのイデアルは単項イデアルであることを示せ.（ヒント：定理 10.2（149 ページ）を参考にして，多項式の割り算を考えよ.）

問題 10.4

　次の環 $R$ とそのイデアル $I$ について，$I$ を単項イデアルとして表せ．

(1)　$R = \mathbb{Z}$, $I = (18, 30, 42)$

(2)　$R = \mathbb{Q}[x]$, $I = (x^2 - 1, x^2 - x - 2)$

(3)　$R = \mathbb{Q}[x]$, $I = (x^4 + x^2, x^4 - 1)$

問題 10.5

　素イデアルと極大イデアルについて，次の問いに答えよ．

(1)　極大イデアルは素イデアルであることを示せ．

(2)　多項式環 $\mathbb{R}[x, y]$ のイデアルで，素イデアルだが極大イデアルではない例を一つ挙げよ．

問題 10.6

　次の剰余環について，体であるかどうかを調べよ．

(1)　$\mathbb{Q}[x]/(x^4 + x^2 + 1)$

(2)　$\mathbb{F}_2[x]/(x^4 + x + 1)$

(3)　$\mathbb{F}_5[x]/(x^2 + 1)$

(4)　$\mathbb{F}_7[x]/(x^2 + 1)$

問題 10.7

　体 $\mathbb{Q}[x]/(x^2+1)$ の $\overline{0}$ でない元 $\overline{ax + b}$ について，$(\overline{ax + b})^{-1}$ を $\overline{\Box\, x + \triangle}$ の形で表せ．

問題 10.8

　$\mathbb{Q}(\sqrt{2}) = \{a + b\sqrt{2} \mid a, b \in \mathbb{Q}\}$ の元 $a + b\sqrt{2} \neq 0$ について，$(a + b\sqrt{2})^{-1}$ が $\Box + \triangle\sqrt{2}$ の形に表せることを示せ．

問題 10.9

有限体 $\mathbb{F}_3[x]/(x^2+1)$ の原始根を一つ求めよ.

問題 10.10

有限体 $\mathbb{F}_q$ の任意の元 $x$ について，$x^q - x = 0$ であることを示せ．（定理 10.16 より $\mathbb{F}_q^*$ が巡回群であることはみとめてよい.）

# さらに学びたい人へ

　本書では，暗号の発展の歴史とそこに現れる代数学の概念を手がかり
としながら，代数学の種々の概念や理論を紹介した．このため，本書で
取り扱った代数学の内容は，暗号と関係の深いものおよびその周辺に限
定されている．代数学の学習の入り口で出会う基礎的な知識は一通り紹
介したつもりであるが，数学科の学生が標準的な代数学の授業の後半で
学ぶようなより進んだ内容は，本書では紹介できなかった．

　群論では，数学以外への応用においても重要な「群の作用」や，有限群
の分類などで基本となる「シローの定理」などを本書では扱っていない．

　環論では，整数から有理数をつくる操作の一般化である「商体」の理
論や，整数の素因数分解の一般化である「一意分解整域」の理論などは，
どちらかといえば基礎的内容といえるものであるが，本書ではこれらを
扱っていない．また，環論とともに学ぶことの多い「環上の加群」の理
論についても本書では全く触れていない．

　体論では，暗号との関係から，通常の代数学の授業ではむしろ周辺的
話題である有限体を中心に扱っている．このため，標準的な代数学の授
業で代表的な例として登場する有理数体の拡大体について，本書ではほ
とんど触れていない．とくに，学部レベルの体論の授業の最終目標とも
いえる「ガロア理論」について本書では全く触れていない．

　本書で扱えなかった内容を学べる代数学のテキスト，および，本書で
扱った内容も含めて体系的に学びたい人向けのテキストを以下に挙げて
おく．また，本書で紹介した暗号に興味をもち，暗号をさらに学んでみ
たいと思う読者もいるだろう．そのような方におすすめの暗号の入門書
も挙げておく．

## さらに代数学を学びたい人にオススメの本

[1] 新妻弘・木村哲三,『群・環・体入門』, 共立出版, (1999)

[2] 三宅敏恒,『入門代数学』, 培風館, (1999)

[3] 雪江明彦,『代数学1 群論入門』, 日本評論社, (2010)

[4] 雪江明彦,『代数学2 環と体とガロア理論』, 日本評論社, (2010)

　[1] は, シローの定理やガロア理論がない点は本書と同じであるが, 商体や一意分解整域は扱われている. 平易に書かれており, 本書のレベルに近いので, 本書の内容を数学的なテキストで学びたい人におすすめである. また, [1] の問と節末の演習問題に解答を付けたものが演習書（新妻弘,『演習　群・環・体入門』, 共立出版, 2000) として出版されている. [1] で勉強するときには演習書も参考にするとよいだろう. [2] は, すべての内容がコンパクトにまとめられた良書である. シローの定理やガロア理論もきちんと述べられているほか, 本書では省略したアーベル群の基本定理などの証明も載っている. [3], [4] は, 群・環・体について学部レベルで必要な内容がすべて書かれていて, 解説も丁寧な良書である. 環上の加群についてもしっかり書かれている. 上記に挙げたもの以外にも, 多くの本が出版されている. 図書館や書店で実際の書物を見て, 自分のレベルにあったものを選ぶとよいだろう.

## さらに暗号を学びたい人にオススメの本

[5] 黒澤馨・尾形わかは,『現代暗号の基礎数理』, コロナ社, (2004)

[6] 黒澤馨,『現代暗号への招待』, サイエンス社, (2010)

[7] 光成滋生,『クラウドを支えるこれからの暗号技術』, 秀和システム, (2015)

[8] 岡本栄司,『暗号理論入門 [第2版]』, 共立出版, (2002)

[9] J.A. ブーフマン（林芳樹・訳),『暗号理論入門 原書第3版』, 丸善出版, (2012)

[10] 辻井重男・笠原正雄 (編著),『暗号理論と楕円曲線』, 森北出版, (2008)

[11] 縫田光司,『耐量子計算機暗号』, 森北出版, (2020)

　[5] は，はじめて暗号を学ぶ人を対象とした本である．大学の授業での教科書として書かれているが，平易に書かれているので初学者にも読みやすい．[6] は，[5] の姉妹編として書かれた本である．著者によれば，[5] が「広く浅く」という内容であるのに対して，[6] は「狭く深く」という立場で書かれたとのことであるが，内容には重なる部分も多いので，自分のレベルにあった方を読むとよいだろう．[7] は，2000 年以降に発展した暗号技術についての内容を豊富に含んでおり，最先端の話がわかりやすく書かれている．[8] は，暗号の基礎的な事項について網羅的に書かれた本である．本書では詳細を述べなかった AES や楕円曲線暗号も取り扱われている．[9] は，暗号とその数学的基礎について網羅的に書かれた本である．本書では触れなかった素数判定や素因数分解のアルゴリズム，離散対数問題を解くためのアルゴリズムについてもきちんと書かれている．[10] は，楕円曲線を用いた暗号も含め，大学 4 年次から大学院レベルの代数学が応用されている暗号について，必要な数学的な理論も含めて解説されている．[11] は，最近進展著しい耐量子計算機暗号（量子コンピュータでも破れない暗号）について書かれた本である．耐量子計算機暗号にも代数学が応用されており，多変数連立代数方程式や格子理論，楕円曲線といった代数学のトピックが登場する．専門書レベルであるが，暗号研究の最先端で代数学がどのように使われているかを知ることができるだろう．代数学の入門書ほどではないが，暗号の本も上記に挙げたもの以外にさまざまなものが出版されている．自分の興味やレベルにあったものを選ぶとよいだろう．

MEMO

# 参考文献

本書を執筆するにあたり，以下の文献を参考にした．

[1] 青本和彦 他（編），『岩波　数学入門辞典』，岩波書店，(2005)

[2] M.A. アームストロング（佐藤信哉 訳），『対称性からの群論入門』，シュプリンガー・ジャパン，(2007)

[3] 岩永恭雄，『代数学の基礎』，日本評論社，(2002)

[4] 小野寺嘉孝，『物性物理／物性化学のための群論入門』，裳華房，(1996)

[5] 桂利行，『代数学Ⅰ 群と環』，東京大学出版会，(2004)

[6] 加藤明史，『新版　親切な代数学演習』，現代数学社，(2002)

[7] 黒澤馨・尾形わかは，『現代暗号の基礎数理』，コロナ社，(2004)

[8] W.N. コッティンガム・D.A. グリーンウッド（樺沢宇紀 訳），『素粒子標準模型入門』，シュプリンガー・ジャパン，(2005)

[9] 今野豊彦，『物質の対称性と群論』，共立出版，(2001)

[10] サイモン・シン（青木薫 訳），『暗号解読』（上・下），新潮文庫，(2007)

[11] 新妻弘，『演習　群・環・体入門』，共立出版，(2000)

[12] 新妻弘・木村哲三，『群・環・体入門』，共立出版，(1999)

[13] 日本数学会（編），『岩波　数学辞典　第4版』，岩波書店，(2007)

[14] 藤永茂・成田進，『化学や物理のためのやさしい群論入門』，岩波書店，(2001)

[15] 横井英夫・硲野敏博，『代数演習』，サイエンス社，(1989)

[16] N. Carter,『Visual Group Theory』, The Mathematical Association of America, (2009)

[17] N. Koblitz, 『A Course in Number Theory and Cryptography』 Second Edition, Springer, (1994)

[18] N. Koblitz,『Algebraic Aspects of Cryptography』, Springer, (1998)

[19] D.R. Stinson, 『Cryptography: Theory and Practice』 Third Edition, Chapman & Hall/CRC, (2006)

付録 **A**

# 本書で学んだ定義・定理

　本書で学んだ定義や定理のうち重要なものを，代数学の体系に沿って整理しておく．基本的な記号もここにまとめておく．

## 記号 （基本的な記号のみ．代数学で用いる記号はそれぞれの定義をみること．）

| | | | |
|---|---|---|---|
| $P \Rightarrow Q$ | $P$ ならば $Q$ | $\mathbb{Z}$ | 整数全体の集合 |
| $P \Leftrightarrow Q$ | $P$ と $Q$ は同値である | $\mathbb{Q}$ | 有理数全体の集合 |
| $x \in A$ | $x$ は集合 $A$ の元である | $\mathbb{Q}^*$ | 0 以外の有理数全体の集合 |
| $A \subset B$ | $A$ は $B$ の部分集合である | $\mathbb{R}$ | 実数全体の集合 |
| $A \subsetneq B$ | $A \subset B$ かつ $A \neq B$ | $\mathbb{R}^*$ | 0 以外の実数全体の集合 |
| $A \cup B$ | 集合 $A$ と集合 $B$ の和集合 | $\mathbb{C}$ | 複素数全体の集合 |
| $A \cap B$ | 集合 $A$ と集合 $B$ の共通部分 | $\mathbb{C}^*$ | 0 以外の複素数全体の集合 |
| $A \times B$ | 集合 $A$ と集合 $B$ の直積 | $n \mid \ell$ | $\ell$ は $n$ で割り切れる |
| $\overline{A}$ | 集合 $A$ の補集合 | $\gcd(m,n)$ | $m$ と $n$ の最大公約数 |
| $A \setminus B$ | $A$ から $B$ の元を除いた集合 | $\mathrm{lcm}(m,n)$ | $m$ と $n$ の最小公倍数 |
| $\varnothing$ | 空集合 | | |

## 整数と合同演算

**定義** (p.13)　$n$ を 2 以上の整数とする．二つの整数 $a, b$ について，$a$ を $n$ で割った余りと $b$ を $n$ で割った余りが等しいとき，$a$ と $b$ は **$n$ を法として合同**であるといい，次のように表す．

$$a \equiv b \pmod n$$

**定理** (p.13, 定理 2.1)　$a \equiv b \pmod n \Longleftrightarrow a - b$ は $n$ で割り切れる．

**定理** (p.14, 定理 2.2)　$a \equiv b \pmod n,\ c \equiv d \pmod n \Longrightarrow a + c \equiv b + d \pmod n$

**定理** (p.107, 定理 8.1)　$a \equiv b \pmod n,\ c \equiv d \pmod n \Longrightarrow a \cdot c \equiv b \cdot d \pmod n$

**定義** (p.16, 定義)　法 $n$ のもとでの数 $\overline{0}, \overline{1}, \overline{2}, \ldots, \overline{n-1}$ の集合を $\mathbb{Z}/n\mathbb{Z}$ で表す．

$$\mathbb{Z}/n\mathbb{Z} = \left\{ \overline{0}, \overline{1}, \overline{2}, \ldots, \overline{n-1} \right\}$$

**定理 [フェルマーの小定理]** (p.118, 定理 8.5)　$p$ を素数とする．このとき任意の整数 $a$ に対して次が成り立つ．

$$a^p \equiv a \pmod p$$

**定義** (p.37)　正の整数 $n$ に対して，$1 \leqq k \leqq n$ かつ $\gcd(k, n) = 1$ をみたす整数 $k$ の個数を与える関数を $\varphi(n)$ で表し，**オイラーの関数**という．

**定理** (p.39, 定理 3.9)　正の整数 $n$ に対して，$n = \displaystyle\sum_{d \mid n} \varphi(d)$ が成り立つ．

# 群

## ■群・部分群・位数の定義

**定義** (p.18)　集合 $G$ が次の性質をみたす二項演算（$G$ の任意の二つの元 $a, b$ に対して $a \cdot b \in G$ を対応させる規則）をもつとき，$G$ は**群(group)** であるという.

1. **結合法則**: 任意の $a, b, c \in G$ に対して，$(a \cdot b) \cdot c = a \cdot (b \cdot c)$ が成り立つ.

2. **単位元の存在**: 「$G$ の任意の元 $a$ に対して $a \cdot e = e \cdot a = a$」をみたす $G$ の元 $e$ が存在する.

3. **逆元の存在**: $G$ の任意の元 $a$ に対して，$a \cdot x = x \cdot a = e$ をみたす $G$ の元 $x$ が存在する.

性質 2 の $e$ を $G$ の**単位元**という. 性質 3 の $x$ を $a$ の**逆元**といい，$a^{-1}$ で表す.

**定理** (p.19, 定理 2.3)　群 $G$ の任意の元 $a, b$ と任意の整数 $k, \ell$ に対して次が成り立つ.

1. $\left(a^{-1}\right)^k = \left(a^k\right)^{-1}$.

2. $a^k a^\ell = a^{k+\ell}$, $\left(a^k\right)^\ell = a^{k\ell}$.

3. $(ab)^{-1} = b^{-1} a^{-1}$.

**定義** (p.30)　群 $G$ の空でない部分集合 $H$ が，群 $G$ と同じ二項演算によって群になっているとき，$H$ は $G$ の**部分群**であるという.

**定理** (p.30, 定理 3.1)　$G$ を群，$H$ を空でない $G$ の部分集合とする. このとき，次の三つの条件は同値である.

1. $H$ は $G$ の部分群である.

2. 任意の $x, y \in H$ に対して，$xy \in H$ かつ $x^{-1} \in H$ が成り立つ.

3. 任意の $x, y \in H$ に対して，$xy^{-1} \in H$ が成り立つ.

**定義** (p.22)　任意の二つの元 $a, b$ に対して $a \cdot b = b \cdot a$ が成り立つ群を**アーベル群**という.

**定義** (p.32)　群 $G$ に含まれる元の個数を $G$ の**位数**といい，$|G|$ で表す. $G$ が無限個の元を含むとき，$|G| = \infty$ と表し，$G$ の位数は無限大であるという. 位数が有限の群を**有限群**，位数が無限大の群を**無限群**という.

**定義** (p.32)　群 $G$ の単位元を $e$ とする. $G$ の元 $a$ に対して，$a^n = e$ となる最小の正の整数 $n$ が存在するとき，$n$ を $a$ の**位数 (order)** といい，$\operatorname{ord} a = n$ と表す. $a^n = e$ となる正の整数 $n$ が存在しないとき，$a$ の位数は無限大であるといい，$\operatorname{ord} a = \infty$ と表す.

**定理** (p.33, 定理 3.3)　群 $G$ の元 $a$ と正の整数 $n$ について，$a^n = e$ であるとする. このとき，$n$ は $\operatorname{ord} a$ の倍数である.

## ■巡回群

**定義** (p.23)　群 $G$ のすべての元 $g$ が $G$ のある一つの元 $a$ によって $g = a^n$ ($n$ は整数) と表されるとき，$G$ は**巡回群**であるといい，$G = \langle a \rangle$ と表す．$G = \langle a \rangle$ であるとき，$G$ は $a$ で**生成される**という．また，このとき $a$ を $G$ の**生成元**という．

**定理** (p.40, 定理 3.10)　巡回群の部分群は巡回群である．

**定理** (p.34, 定理 3.4)　有限群 $G$ が巡回群であるための必要十分条件は，$G$ が位数 $|G|$ の元をもつことである．

**定理** (p.35, 定理 3.5)　位数 $n$ の巡回群 $G$ の元 $g$ が $G$ の生成元であるための必要十分条件は，$\operatorname{ord} g = n$ となることである．

**定理** (p.36, 定理 3.6)　$G$ を位数 $n$ の巡回群とし，$g$ をその生成元とする．このとき，

$$\operatorname{ord} g^k = \frac{n}{\gcd(n, k)} \qquad (k = 0, 1, 2, \ldots, n - 1)$$

が成り立つ．

**定理** (p.37, 定理 3.7)　巡回群 $G = \langle g \rangle$ の元 $g^k$ が $G$ の生成元であるための必要十分条件は，$\gcd(k, |G|) = 1$ となることである．

**定理** (p.136, 定理 9.3)　$G$ を巡回群とし，$e$ を $G$ の単位元とする．$G$ の位数が $|G| = p_1^{d_1} p_2^{d_2} \cdots p_r^{d_r}$ と素因数分解されるとき ($d_i$ は正の整数，$p_i$ は互いに異なる素数)，$g \in G$ が $G$ の生成元であるための必要十分条件は，任意の $i = 1, 2, \ldots, r$ に対して，$g^{\frac{|G|}{p_i}} \neq e$ が成り立つことである．

**定理** (p.38, 定理 3.8)　$G = \langle g \rangle$ を位数 $n$ の巡回群とする．このとき，次が成り立つ．

1.　$n$ の約数 $d$ に対して，$G$ の位数 $d$ の元の個数は $\varphi(d)$ である．
2.　$|G| = \displaystyle\sum_{d \mid n} \varphi(d)$.

## ■群の直積

**定理** (p.46, 定理 4.1)　$G_1, G_2, \ldots, G_n$ を群として，これらの二項演算を $\cdot$ で表す．

$$G_1 \times G_2 \times \cdots \times G_n = \{(g_1, g_2, \ldots, g_n) \mid g_i \in G_i \ (i = 1, 2, \ldots, n)\}$$

の二項演算を

$$(g_1, g_2, \ldots, g_n) \cdot (g_1', g_2', \ldots, g_n') = (g_1 \cdot g_1', g_2 \cdot g_2', \ldots, g_n \cdot g_n')$$

で定めると，$G_1 \times G_2 \times \cdots \times G_n$ はこの演算で群になる．

**定理** (p.47, 定理 4.2)　群の直積 $G_1 \times G_2 \times \cdots \times G_n$ がアーベル群となるための必要十分条件は，$G_1, G_2, \ldots, G_n$ がアーベル群であることである．

**定理** (p.48, 定理 4.3)　有限群 $G_1, G_2, \ldots, G_n$ の直積について以下が成り立つ.

1.　$|G_1 \times G_2 \times \cdots \times G_n| = |G_1| \times |G_2| \times \cdots \times |G_n|$

2.　$(g_1, g_2, \ldots, g_n) \in G_1 \times G_2 \times \cdots \times G_n$ の位数は ord $g_1$, ord $g_2$, $\ldots$, ord $g_n$ の最小公倍数である. すなわち,

$$\mathrm{ord}(g_1, g_2, \ldots, g_n) = \mathrm{lcm}(\mathrm{ord}\, g_1, \mathrm{ord}\, g_2, \ldots, \mathrm{ord}\, g_n)$$

である.

**定理** (p.50, 定理 4.4)　$G, H$ を巡回群とし, $|G| = m$, $|H| = n$ とする. このとき, $G \times H$ が巡回群となるための必要十分条件は, $\gcd(m, n) = 1$ である. また, $\gcd(m, n) = 1$ のとき, $G$ の生成元 $g$ と $H$ の生成元 $h$ の組 $(g, h)$ は, 巡回群 $G \times H$ の生成元になる.

## ■対称群

**定義** (p.59)　2 以上の整数 $n$ に対して, $A = \{1, 2, \ldots, n\}$ とおく. $A$ から $A$ への全単射を $A$ 上の**置換**という. $A$ から $A$ への恒等写像を**恒等置換**といい, $\varepsilon$ で表す. $A$ 上の置換全体の集合を $S_n$ とおく.

$$S_n = \{\sigma \mid \sigma \text{ は集合 } A \text{ 上の置換} \}$$

$\sigma, \tau \in S_n$ に対して, $\sigma \cdot \tau = \sigma \circ \tau$ ($\sigma$ と $\tau$ の合成) で $S_n$ の二項演算を定めると $S_n$ は群になる. この群を **$n$ 次対称群**という.

　$S_n$ の単位元は恒等置換 $\varepsilon$ である. また, $S_n$ の元 $\sigma$ に対して, $\sigma$ の逆元は $\sigma$ の逆写像 $\sigma^{-1}$ で与えられる.

**定義** (p.63)　$i, j \in \{1, 2, \ldots, n\}$ を互いに異なる数とする.

$$\sigma(k) = \begin{cases} j & (k = i) \\ i & (k = j) \\ k & (k \neq i, j) \end{cases}$$

をみたす $\sigma \in S_n$ を**互換**といい, $(i\ j)$ で表す. つまり, 互換とは, 二つの数を互いに入れ替え, 他の数は動かさない置換である.

**定義** (p.63)　$i_1, i_2, \ldots, i_r \in \{1, 2, \ldots, n\}$ を互いに異なる $r$ 個の数とする.

$$\sigma(k) = \begin{cases} i_{j+1} & (k = i_j \text{ かつ } j < r) \\ i_1 & (k = i_r) \\ k & (k \neq i_1, i_2, \ldots, i_r) \end{cases}$$

をみたす $\sigma \in S_n$ を**巡回置換**といい, $(i_1\ i_2\ \cdots\ i_r)$ で表す. $r$ を巡回置換 $\sigma$ の**長さ**という. つまり, 長さ $r$ の巡回置換とは, $r$ 個の数を指定の順序で回していく置換である.

**定理** (p.64, 定理 5.1)　$n$ 次対称群 $S_n$ の任意の元は互換の積として表せる.

**定理** (p.67, 定理 5.2)　$n$ 次対称群 $S_n$ の恒等置換でない任意の元は, 互いに共通の数を含まない巡回置換の積として表せる.

## ■剰余類と剰余群

**定義** (p.82)　$G$ を群, $H$ を $G$ の部分群とするとき, $g \in G$ に対して, $\{gh \mid h \in H\}$ で定まる集合を $G$ の $H$ による**左剰余類**といい, $gH$ で表す.

**定義** (p.85)　$G$ を群, $H$ を $G$ の部分群とする. $G$ の $H$ による左剰余類全体の集合を $G/H$ で表す.
$$G/H = \{gH \mid g \in G\}$$

**定理** (p.84, 定理 7.1)　$G$ を群, $H$ を $G$ の部分群とする. このとき, $G$ の $H$ による左剰余類について以下が成り立つ.

1.　$g_1 H \neq g_2 H \implies g_1 H \cap g_2 H = \varnothing$
2.　$g_1 H = g_2 H \iff g_2^{-1} g_1 \in H$

**定理** [**ラグランジュの定理**](p.86, 定理 7.2)　有限群 $G$ とその部分群 $H$ について, 次が成り立つ.
$$|G/H| = \frac{|G|}{|H|}$$
とくに, $|H|$ は $|G|$ の約数である.

**定理** (p.87, 定理 7.3)　有限群 $G$ の任意の元 $g$ について, $g$ の位数は $|G|$ の約数である.

**定義** (p.88)　群 $G$ の部分群 $H$ が次の条件をみたすとき, $H$ は $G$ の**正規部分群**であるという.

　　　　任意の $g \in G$ に対して, $gHg^{-1} = H$ が成り立つ.

$H$ が $G$ の正規部分群であるとき, $H \lhd G$ と表す.

**定理** (p.89, 定理 7.4)　$G$ を群, $H$ を $G$ の部分群とする. このとき, $g_1 H \cdot g_2 H = (g_1 g_2)H$ を二項演算として $G/H$ が群になるための必要十分条件は, $H$ が $G$ の正規部分群であることである.

**定義** (p.90)　群 $G$ の正規部分群 $H$ に対して, $g_1 H \cdot g_2 H = (g_1 g_2)H$ を二項演算として定まる群 $G/H$ を, $G$ の $H$ による**剰余群**という. 剰余群の元 $gH$ はしばしば $\overline{g}$ と表される. $gH$ を $\overline{g}$ で表すとき, 二項演算は $\overline{g_1} \cdot \overline{g_2} = \overline{g_1 \cdot g_2}$ で表される.

**定義** (p.92)

1. 群 $G$ から群 $H$ への写像 $f : G \rightarrow H$ が，任意の $g_1, g_2 \in G$ に対して，$f(g_1 \cdot g_2) = f(g_1) \cdot f(g_2)$ をみたすとき，$f$ を群 $G$ から群 $H$ への**準同型写像**という．

2. 準同型写像 $f$ が全単射であるとき，$f$ を**同型写像**という．

3. 群 $G$ と群 $H$ の間に同型写像 $f : G \rightarrow H$ があるとき，$G$ と $H$ は**同型である**といい，$G \cong H$ と表す．

**定理** (p.94, 定理 7.5) $f$ を群 $G$ から群 $H$ への準同型写像とし，

$$\mathrm{Ker}\, f = \{ g \in G \mid f(g) = e \}, \ \mathrm{Im}\, f = \{ f(g) \in H \mid g \in G \}$$

とおく（ただし，$e$ は $H$ の単位元）．このとき，次が成り立つ．

1. $\mathrm{Ker}\, f$ は $G$ の正規部分群である．

2. $\mathrm{Im}\, f$ は $H$ の部分群である．

3. 剰余群 $G/\mathrm{Ker}\, f$ と $\mathrm{Im}\, f$ は，$\overline{f}(\overline{g}) = f(g)$ によって定義される写像 $\overline{f}$ により同型になる．（**準同型定理**）

$$G/\mathrm{Ker}\, f \cong \mathrm{Im}\, f$$

**定理** [有限アーベル群の基本定理](p.97, 定理 7.6) 有限アーベル群 $G$ に対して，

$$G \cong \mathbb{Z}/n_1\mathbb{Z} \times \mathbb{Z}/n_2\mathbb{Z} \times \cdots \times \mathbb{Z}/n_k\mathbb{Z}$$

$$n_i \mid n_{i+1} \ (i = 1, 2, \ldots, k-1)$$

となる 2 以上の整数の組 $(n_1, n_2, \ldots, n_k)$ が一意的に存在する．

**定理** [ケーリーの定理](p.99, 定理 7.7) $G$ を位数 $n$ の有限群とする．$G = \{ g_1, g_2, \ldots, g_n \}$ と表し，$G$ から $n$ 次対称群 $S_n$ への写像 $f$ を，$g \in G$ に対して，

$$g \cdot g_i = g_{\sigma(i)} \quad (i = 1, 2, \ldots, n)$$

によって定まる置換 $\sigma \in S_n$ を対応させる写像として定義する．このとき，$f$ によって，$G$ は $S_n$ の部分群と同型となる．

# 環と体

## ■環

**定義** (p.110)　集合 $R$ が次の性質をみたす二種類の二項演算 $+$ と $\cdot$ をもつとき，$R$ は **環(ring)** であるという.

1. $+$ に関してアーベル群である.

2. **結合法則**: 任意の $a,b,c \in R$ に対して，$(a \cdot b) \cdot c = a \cdot (b \cdot c)$ が成り立つ.

3. **分配法則**: 任意の $a,b,c \in R$ に対して，$a \cdot (b+c) = a \cdot b + a \cdot c$, $(a+b) \cdot c = a \cdot c + b \cdot c$ が成り立つ.

4. **単位元の存在**:「任意の $a \in R$ に対して $a \cdot 1 = 1 \cdot a = a$」をみたす元 $1 \in R$ が存在する.

性質 1 におけるアーベル群の単位元を 0 と書き，$R$ の**零元**という. 性質 4 の 1 を環 $R$ の**単位元**という.

**定義** (p.110)　二項演算 $\cdot$ が任意の二つの元 $a,b$ に対して $a \cdot b = b \cdot a$ をみたす環を**可換環**という. 可換環でない環を**非可換環**という.

**定義** (p.112)　環 $R$ の元 $a$ に対して，$ab = ba = 1$ となる $b \in R$ を，$a$ の**積に関する逆元**といい，$a^{-1}$ で表す. $a$ に対して $a^{-1} \in R$ が存在するとき，$a$ は**正則**であるという. 正則な元を**正則元**という.

**定義** (p.114)　可換環 $R$ の元 $a,b$ $(a \neq 0, b \neq 0)$ に対して，$ab = 0$ となるとき，$a,b$ を $R$ の**零因子**という. 零因子をもたない可換環を**整域**という.

**定義** (p.113)　環 $R$ に対して，$R^* = \{a \in R \,|\, a$ は正則元 $\}$ を $R$ の**乗法群**という.

**定理** (p.115, 定理 8.4)　$R_1, R_2, \ldots, R_n$ を可換環として，これらの二項演算を $+$ と $\cdot$ で表す.

$$R_1 \times R_2 \times \cdots \times R_n = \{(a_1, a_2, \ldots, a_n) \,|\, a_i \in R_i \ (i = 1, 2, \ldots, n)\}$$

の二項演算を

$$(a_1, a_2, \ldots, a_n) + (a_1', a_2', \ldots, a_n') = (a_1 + a_1', a_2 + a_2', \ldots, a_n + a_n')$$
$$(a_1, a_2, \ldots, a_n) \cdot (a_1', a_2', \ldots, a_n') = (a_1 \cdot a_1', a_2 \cdot a_2', \ldots, a_n \cdot a_n')$$

で定めると，$R_1 \times R_2 \times \cdots \times R_n$ はこれらの二項演算について環になる.

**定義** (p.146)　可換環 $R$ の部分集合 $I$ が次の性質をみたすとき，$I$ を $R$ の**イデアル**という.

1. $I$ の任意の元 $a,b$ に対して，$a + b \in I$ が成り立つ.

2. $R$ の任意の元 $r$ と $I$ の任意の元 $a$ に対して，$r \cdot a \in I$ が成り立つ.

**定義** (p.148)　可換環 $R$ の元 $a_1, a_2, \ldots, a_n$ に対して,

$$\left\{ \sum_{k=1}^{n} r_i a_i \,\middle|\, r_i \in R \; (i = 1, 2, \ldots, n) \right\}$$

によって定まるイデアルを $a_1, a_2, \ldots, a_n$ で**生成されるイデアル**とよび,
$(a_1, a_2, \ldots, a_n)$ で表す. とくに $n = 1$ のとき, すなわち, 一つの元で生成される
とき, そのようなイデアルを**単項イデアル**とよぶ.

**定義** (p.157)　$R$ を可換環, $I$ を $R$ のイデアルとする.

1.　任意の $a, b \in R$ に対して「$a \cdot b \in I$ ならば $a \in I$ または $b \in I$」が成り立つと
き, $I$ は**素イデアル**であるという.

2.　$I \subsetneq J \subsetneq R$ をみたすイデアル $J$ が存在しないとき, $I$ は**極大イデアル**である
という.

**定理** (p.149, 定理 10.1)　$(a), (b)$ を可換環 $R$ の単項イデアル, $r$ を $R$ の元とすると
き, 次が成り立つ.

1.　$r \in (a) \iff a \mid r$

2.　$(a) \subset (b) \iff b \mid a$

**定理** (p.149, 定理 10.2)　環 $\mathbb{Z}$ のすべてのイデアルは単項イデアルである.

**定理** (p.150, 定理 10.3)　$R$ を $\mathbb{Z}$ または $K[x]$ ($K$ は体) とする. このとき,
$a_1, a_2, \ldots, a_n \in R$ に対して, $\gcd(a_1, a_2, \ldots, a_n) = a$ とおくと, 次が成り立つ.

$$(a_1, a_2, \ldots, a_n) = (a)$$

**定義** (p.117)

1.　環 $R$ から環 $S$ への写像 $f : R \to S$ が, 任意の $a, b \in R$ に対して $f(a + b) = f(a) + f(b)$, $f(a \cdot b) = f(a) \cdot f(b)$, かつ, $f(1) = 1$ をみたすとき, $f$ を環 $R$
から環 $S$ への**準同型写像**という.

2.　準同型写像 $f$ が全単射であるとき, $f$ を**同型写像**という.

3.　環 $R$ と環 $S$ の間に同型写像 $f : R \to S$ があるとき, $R$ と $S$ は**同型**であると
いい, $R \cong S$ と表す.

**定理** (p.152, 定理 10.4)　可換環 $R$ と $R$ のイデアル $I$ に対して, $R/I$ を, $R$ を $+$ に
関する群, $I$ をその正規部分群とみたときの剰余群とする. このとき, $R/I$ の任意
の元 $\overline{a}, \overline{b}$ に対して, 二項演算 $\overline{a} \cdot \overline{b}$ を $a \cdot b \in R$ が定める剰余類 $\overline{a \cdot b}$ で定義すると,
$R/I$ は環になる.

**定義** (p.153)　上の定理 (定理 10.4) によって定まる環 $R/I$ を, $R$ の $I$ による**剰余
環**という.

**定理** (p.154, 定理 10.5)　$f$ を環 $R$ から環 $S$ への準同型写像とし,

$$\mathrm{Ker}\, f = \{a \in R \mid f(a) = 0\},\ \mathrm{Im}\, f = \{f(a) \in S \mid a \in R\}$$

とおく（ただし, 0 は $S$ の零元）. このとき, 次が成り立つ.

1.　$\mathrm{Ker}\, f$ は $R$ のイデアルである.
2.　$\mathrm{Im}\, f$ は $S$ の部分環である.
3.　剰余環 $R/\mathrm{Ker}\, f$ と $\mathrm{Im}\, f$ は, $\overline{f}(\overline{a}) = f(a)$ によって定義される写像 $\overline{f}$ により同型になる.（**準同型定理**）

$$R/\mathrm{Ker}\, f \cong \mathrm{Im}\, f$$

**定理** (p.157, 定理 10.6)　$R$ を可換環, $I$ を $R$ のイデアルとするとき, 次が成り立つ.

1.　$R/I$ は整域である $\iff$ $I$ は素イデアルである.
2.　$R/I$ は体である $\iff$ $I$ は極大イデアルである.


# ■体

**定義** (p.132)　零元以外のすべての元が正則元である（すなわち, 積に関する逆元をもつ）ような可換環を**体**（**field**）という.

**定理** (p.133, 定理 9.1)　$\mathbb{Z}/n\mathbb{Z}$ が体であるための必要十分条件は, $n$ が素数であることである.

**定理** (p.159, 定理 10.7)　体には自明なイデアルしかない.

**定理** (p.160, 定理 10.8)　体の間の準同型写像は, 単射または零写像である.

**定義** (p.159)　体 $K$ の部分集合 $F$ が, $K$ の二項演算で体になっているとき, $F$ は $K$ の**部分体**であるという. 逆に, $K$ を $F$ の**拡大体**という.

**定義** (p.160)　体 $K$ に対して, $1 \in K$ を $n$ 個足し合わせたものを $n1$ と表すことにする. このとき, $n1 = 0$ となる最小の正の整数 $n$ を $K$ の**標数**といい, $\mathrm{char}\, K$ で表す. $n1 = 0$ となる正の整数 $n$ が存在しない場合, 標数は 0 であるといい, $\mathrm{char}\, K = 0$ と表す.

**定理** (p.161, 定理 10.9)　体の標数は 0 または素数である.

**定理** (p.163, 定理 10.11)　有限体（有限個の元からなる体）の標数は素数である.

**定理** (p.161, 定理 10.10)　標数が 0 である体は $\mathbb{Q}$ と同型な部分体をもつ. 標数が $p(>0)$ である体は $\mathbb{Z}/p\mathbb{Z}$ と同型な部分体をもつ.

**定義** (p.163)　有限体の元の個数をその有限体の**位数**という. 位数 $q$ の有限体を $\mathbb{F}_q$ で表す.

**定理** (p.164, 定理 10.12)　$\mathbb{F}_q$ の標数が $p$ であるとき，$q = p^r$ となる正の整数 $r$ が存在する．

**定理** (p.168, 定理 10.16)　$(\mathbb{F}_q)^*$ は巡回群である．$((\mathbb{Z}/p\mathbb{Z})^*$ の場合は p.134 の定理 9.2)

**定義** (p.164)　体 $K$ に対して，$f(x) \in K[x]$ が，1 次以上の二つの多項式 $g(x), h(x) \in K[x]$ の積に表せないとき，$f(x)$ は $K$ 上**既約**であるという．$K$ 上既約でない多項式を $K$ 上**可約**であるという．

**定理** (p.165, 定理 10.13)　体 $K$ に対して，$f(x)$ を次数 $n$ の $K$ 上既約な多項式とする．このとき，$f(x)$ で生成される単項イデアル $(f(x))$ による $K[x]$ の剰余環 $K[x]/(f(x))$ は体である．

**定理** (p.166, 定理 10.14)　$f(x)$ を次数 $n$ の $\mathbb{F}_p$ 上既約な多項式とする．このとき，剰余環 $\mathbb{F}_p[x]/(f(x))$ は位数 $p^n$ の有限体である．

**定理** (p.167, 定理 10.15)　位数が同じ有限体は互いに同型である．

**MEMO**

付録 **B**

問題の解答

## 第 2 章

2.1 $b$ を $n$ で割った余りを $r$ とする. このとき, $a \equiv b \pmod{n}$ より, $a$ を $n$ で割った余りも $r$ であり, さらに, $b \equiv c \pmod{n}$ より, $c$ を $n$ で割った余りも $r$ である. よって, $a$ を $n$ で割った余りと $c$ を $n$ で割った余りがともに $r$ であるので, $a \equiv c \pmod{n}$.

2.2 $a \equiv b \pmod{n}$ より, $a - b = hn$ ($h$ は整数) と表せる. $m|n$ より $n = km$ ($k$ は整数) と表せるので, $a - b = hn = h(km) = (hk)m$ となる. よって, $a - b$ が $m$ で割り切れるので, $a \equiv b \pmod{m}$ である.

2.3 (1) $e, e' \in G$ がともに単位元の性質をみたすとすると, $e' = e' \cdot e = e$.
(2) $a, b \in G$ がともに $x$ の逆元であるとすると, $a = ae = a(xb) = (ax)b = eb = b$.

2.4 $k, \ell$ が正の整数の場合のみ示す. $(a^k)(a^{-1})^k = \overbrace{a \cdots a}^{k} \overbrace{a^{-1} \cdots a^{-1}}^{k} = a(\cdots(a(a \cdot a^{-1})a^{-1})\cdots)a^{-1} = e.$ $((a^{-1})^k a^k$ も同様.$)$ $a^k a^\ell = \overbrace{a \cdots a}^{k} \overbrace{a \cdots a}^{\ell} = \overbrace{a \cdots a}^{k+\ell} = a^{k+\ell}.$ $(a^k)^\ell = \overbrace{a^k a^k \cdots a^k}^{\ell} = \overbrace{a \cdots a}^{k\ell} = a^{k\ell}.$ $(ab)(b^{-1}a^{-1}) = a(bb^{-1})a^{-1} = aea^{-1} = aa^{-1} = e.$ $((b^{-1}a^{-1})ab = e$ も同様.$)$

2.5

| | $\bar{0}$ | $\bar{1}$ | $\bar{2}$ | $\bar{3}$ | $\bar{4}$ | $\bar{5}$ |
|---|---|---|---|---|---|---|
| $\bar{0}$ | $\bar{0}$ | $\bar{1}$ | $\bar{2}$ | $\bar{3}$ | $\bar{4}$ | $\bar{5}$ |
| $\bar{1}$ | $\bar{1}$ | $\bar{2}$ | $\bar{3}$ | $\bar{4}$ | $\bar{5}$ | $\bar{0}$ |
| $\bar{2}$ | $\bar{2}$ | $\bar{3}$ | $\bar{4}$ | $\bar{5}$ | $\bar{0}$ | $\bar{1}$ |
| $\bar{3}$ | $\bar{3}$ | $\bar{4}$ | $\bar{5}$ | $\bar{0}$ | $\bar{1}$ | $\bar{2}$ |
| $\bar{4}$ | $\bar{4}$ | $\bar{5}$ | $\bar{0}$ | $\bar{1}$ | $\bar{2}$ | $\bar{3}$ |
| $\bar{5}$ | $\bar{5}$ | $\bar{0}$ | $\bar{1}$ | $\bar{2}$ | $\bar{3}$ | $\bar{4}$ |

2.6 $n = 4$ のとき, $G = \{1, i, -1, -i\}$.

| | $1$ | $i$ | $-1$ | $-i$ |
|---|---|---|---|---|
| $1$ | $1$ | $i$ | $-1$ | $-i$ |
| $i$ | $i$ | $-1$ | $-i$ | $1$ |
| $-1$ | $-1$ | $-i$ | $1$ | $i$ |
| $-i$ | $-i$ | $1$ | $i$ | $-1$ |

2.7

| | $e$ | $r$ | $r^2$ | $r^3$ | $r^4$ |
|---|---|---|---|---|---|
| $e$ | $e$ | $r$ | $r^2$ | $r^3$ | $r^4$ |
| $r$ | $r$ | $r^2$ | $r^3$ | $r^4$ | $e$ |
| $r^2$ | $r^2$ | $r^3$ | $r^4$ | $e$ | $r$ |
| $r^3$ | $r^3$ | $r^4$ | $e$ | $r$ | $r^2$ |
| $r^4$ | $r^4$ | $e$ | $r$ | $r^2$ | $r^3$ |

2.8

| | $e$ | $a$ | $b$ | $ab$ |
|---|---|---|---|---|
| $e$ | $e$ | $a$ | $b$ | $ab$ |
| $a$ | $a$ | $e$ | $ab$ | $b$ |
| $b$ | $b$ | $ab$ | $e$ | $a$ |
| $ab$ | $ab$ | $b$ | $a$ | $e$ |

群表が縦横の入れ替えに対して対称なのでアーベル群. $a^2 = b^2 = (ab)^2 = e$ より, $G = \langle g \rangle$ となる元 $g$ は存在しないので巡回群ではない.

## 第 3 章

3.1 $\mathrm{ord}\,\bar{0} = 1$, $\mathrm{ord}\,\bar{1} = \mathrm{ord}\,\bar{2} = \mathrm{ord}\,\bar{3} = \mathrm{ord}\,\bar{4} = 5$, $\bar{0}$ 以外のすべての元が生成元. 部分群は自明な部分群のみ.

3.2 $\mathrm{ord}\,\bar{0} = 1$, $\mathrm{ord}\,\bar{1} = \mathrm{ord}\,\bar{5} = \mathrm{ord}\,\bar{7} = \mathrm{ord}\,\overline{11} = 12$, $\mathrm{ord}\,\bar{2} = \mathrm{ord}\,\overline{10} = 6$, $\mathrm{ord}\,\bar{3} = \mathrm{ord}\,\bar{9} = 4$, $\mathrm{ord}\,\bar{4} = \mathrm{ord}\,\bar{8} = 3$, $\mathrm{ord}\,\bar{6} = 2$. 生成元は $\bar{1}, \bar{5}, \bar{7}, \overline{11}$. 部分群は $\{\bar{0}\}$, $\langle \bar{2} \rangle$, $\langle \bar{3} \rangle$, $\langle \bar{4} \rangle$, $\langle \bar{6} \rangle$, $\mathbb{Z}/12\mathbb{Z}$.

3.3 $\mathrm{ord}\,\overline{0} = 1$, その他の元の位数は $p$. $\overline{0}$ 以外のすべての元が生成元. 部分群は自明な部分群のみ.

3.4 生成元は, $g, g^2, g^4, g^7, g^8, g^{11}, g^{13}, g^{14}$. 部分群は, $\{e\}, \langle g^3 \rangle, \langle g^5 \rangle, G$.

3.5 単位元以外のすべての元が生成元. 部分群は自明な部分群のみ.

3.6 生成元は, $g, g^3, g^7, g^9, g^{11}, g^{13}, g^{17}, g^{19}$. 部分群は, $\{e\}, \langle g^2 \rangle, \langle g^4 \rangle, \langle g^5 \rangle, \langle g^{10} \rangle$, $G$.

3.7 $\{e\}, \{e, a\}, \{e, b\}, \{e, ab\}, G$.

3.8 (1) たとえば, $H = \{\frac{n}{2} \mid n \in \mathbb{Z}\}$. (2) たとえば, $H = \{a + b\sqrt{2} \mid a, b \in \mathbb{Q}\}$.

**第 4 章**

4.1 (1) $\boldsymbol{a}^2 = (g^2, h^2)$, $\boldsymbol{a}^3 = (e, h^3)$, $\boldsymbol{a}^4 = (g, e)$, $\boldsymbol{a}^5 = (g^2, h)$, $\boldsymbol{a}^6 = (e, h^2)$, $\boldsymbol{a}^7 = (g, h^3)$, $\boldsymbol{a}^8 = (g^2, e)$, $\boldsymbol{a}^9 = (e, h)$, $\boldsymbol{a}^{10} = (g, h^2)$, $\boldsymbol{a}^{11} = (g^2, h^3)$, $\boldsymbol{a}^{12} = (e, e)$.
(2) $\boldsymbol{a}^5, \boldsymbol{a}^7, \boldsymbol{a}^{11}$.

4.2 (1) $(g^i, h^j)^4 = (g^{4i}, h^{4j}) = (e^i, e^j) = (e, e)$ より明らか.
(2) $\{(e, e)\}, \langle g \rangle \times \{e\}, \{e\} \times \langle h \rangle, \{e\} \times \langle h^2 \rangle, \langle g \rangle \times \langle h^2 \rangle, \langle (g, h) \rangle, \langle (g, h^2) \rangle, G \times H$.

4.3 $\{(e, e)\}, \langle g \rangle \times \{e\}, \langle g^2 \rangle \times \{e\}, \{e\} \times \langle h \rangle, \{e\} \times \langle h^2 \rangle, \langle g \rangle \times \langle h^2 \rangle, \langle g^2 \rangle \times \langle h \rangle$, $\langle g^2 \rangle \times \langle h^2 \rangle, \langle (g, h) \rangle, \langle (g^2, h) \rangle, \langle (g, h^2) \rangle, \langle (g, h^3) \rangle, \langle (g^2, h^2) \rangle, G \times H$.

4.4 $\{(e, e)\}, \langle g \rangle \times \{e\}, \{e\} \times \langle h \rangle, \{e\} \times \langle h^2 \rangle, \{e\} \times \langle h^3 \rangle, \langle g \rangle \times \langle h^2 \rangle, \langle g \rangle \times \langle h^3 \rangle$, $\langle (g, h) \rangle, \langle (g, h^2) \rangle, \langle (g, h^4) \rangle, \langle (g, h^5) \rangle, G \times H$.

**第 5 章**

5.1 $\sigma\tau = \begin{pmatrix} 1 & 2 & 3 & 4 \\ 1 & 3 & 2 & 4 \end{pmatrix}$, $\tau\sigma = \begin{pmatrix} 1 & 2 & 3 & 4 \\ 4 & 2 & 3 & 1 \end{pmatrix}$, $\sigma^{-1} = \begin{pmatrix} 1 & 2 & 3 & 4 \\ 2 & 4 & 1 & 3 \end{pmatrix}$, $\tau^{-1} = \begin{pmatrix} 1 & 2 & 3 & 4 \\ 2 & 1 & 4 & 3 \end{pmatrix}$. $\mathrm{ord}\,\sigma = 4$, $\mathrm{ord}\,\tau = 2$.

5.2 $\sigma\tau = \begin{pmatrix} 1 & 2 & 3 & 4 \\ 1 & 4 & 2 & 3 \end{pmatrix}$, $\tau\sigma = \begin{pmatrix} 1 & 2 & 3 & 4 \\ 1 & 3 & 4 & 2 \end{pmatrix}$.

5.3 $\sigma\tau = \begin{pmatrix} 1 & 2 & 3 & 4 & 5 \\ 3 & 2 & 4 & 5 & 1 \end{pmatrix}$, $\tau\sigma = \begin{pmatrix} 1 & 2 & 3 & 4 & 5 \\ 4 & 5 & 3 & 2 & 1 \end{pmatrix}$.

5.4 たとえば, $\sigma = (4\,5)(2\,4)(1\,3)(1\,2)$.

5.5 $\sigma = (1\,4\,5)(2\,3\,6)$, $\mathrm{ord}\,\sigma = 3$.

5.6 (1) 略. (2) $\{\varepsilon\}, \langle \tau \rangle, \langle \tau\sigma \rangle, \langle \tau\sigma^2 \rangle, \langle \sigma \rangle, S_3$.

5.7 $E_K^2 = (h^{-1} \circ f_1^{-1} \circ f_2^{-1} \circ f_3^{-1} \circ g \circ f_3 \circ f_2 \circ f_1 \circ h) \circ (h^{-1} \circ f_1^{-1} \circ f_2^{-1} \circ f_3^{-1} \circ g \circ f_3 \circ f_2 \circ f_1 \circ h)$ より明らか. ($g^2$ は恒等写像であることに注意.)

## 第 6 章

6.1 (1)

| | $e$ | $r$ | $r^2$ | $f$ | $fr$ | $fr^2$ |
|---|---|---|---|---|---|---|
| $e$ | $e$ | $r$ | $r^2$ | $f$ | $fr$ | $fr^2$ |
| $r$ | $r$ | $r^2$ | $e$ | $fr^2$ | $f$ | $fr$ |
| $r^2$ | $r^2$ | $e$ | $r$ | $fr$ | $fr^2$ | $f$ |
| $f$ | $f$ | $fr$ | $fr^2$ | $e$ | $r$ | $r^2$ |
| $fr$ | $fr$ | $fr^2$ | $f$ | $r^2$ | $e$ | $r$ |
| $fr^2$ | $fr^2$ | $f$ | $fr$ | $r$ | $r^2$ | $e$ |

(2) $\operatorname{ord} e = 1$, $\operatorname{ord} r = \operatorname{ord} r^2 = 3$, $\operatorname{ord} f = \operatorname{ord} fr = \operatorname{ord} fr^2 = 2$.
(3) $\{e\}$, $\{e, f\}$, $\{e, fr\}$, $\{e, fr^2\}$, $\{e, r, r^2\}$, $D_3$.

6.2 (1)

| | $e$ | $r$ | $r^2$ | $r^3$ | $f$ | $fr$ | $fr^2$ | $fr^3$ |
|---|---|---|---|---|---|---|---|---|
| $e$ | $e$ | $r$ | $r^2$ | $r^3$ | $f$ | $fr$ | $fr^2$ | $fr^3$ |
| $r$ | $r$ | $r^2$ | $r^3$ | $e$ | $fr^3$ | $f$ | $fr$ | $fr^2$ |
| $r^2$ | $r^2$ | $r^3$ | $e$ | $r$ | $fr^2$ | $fr^3$ | $f$ | $fr$ |
| $r^3$ | $r^3$ | $e$ | $r$ | $r^2$ | $fr$ | $fr^2$ | $fr^3$ | $f$ |
| $f$ | $f$ | $fr$ | $fr^2$ | $fr^3$ | $e$ | $r$ | $r^2$ | $r^3$ |
| $fr$ | $fr$ | $fr^2$ | $fr^3$ | $f$ | $r^3$ | $e$ | $r$ | $r^2$ |
| $fr^2$ | $fr^2$ | $fr^3$ | $f$ | $fr$ | $r^2$ | $r^3$ | $e$ | $r$ |
| $fr^3$ | $fr^3$ | $f$ | $fr$ | $fr^2$ | $r$ | $r^2$ | $r^3$ | $e$ |

(2) $\operatorname{ord} e = 1$, $\operatorname{ord} r^2 = \operatorname{ord} f = \operatorname{ord} fr = \operatorname{ord} fr^2 = \operatorname{ord} fr^3 = 2$, $\operatorname{ord} r = \operatorname{ord} r^3 = 4$.
(3) $\{e\}$, $\{e, r^2\}$, $\{e, f\}$, $\{e, fr\}$, $\{e, fr^2\}$, $\{e, fr^3\}$, $\{e, r, r^2, r^3\}$, $\{e, r^2, f, fr^2\}$, $\{e, fr, r^2, fr^3\}$, $D_4$.

6.3 (1) $A \in O(2)$ に対して, $(\det A)^2 = \det A \cdot \det A = \det A \cdot \det(^tA) = \det(A\,{}^tA) = \det E_2 = 1$ より, $\det A \neq 0$. よって, $O(2) \subset GL_2(\mathbb{R})$. $A, B \in O(2)$ に対して, $^t(AB)(AB) = (^tB\,{}^tA)AB = {}^tB(^tAA)B = {}^tBE_2B = {}^tBB = E_2$ より, $AB \in O(2)$. $A \in O(2)$ に対して, $^tAA = A\,{}^tA = E_2$ より $A^{-1} = {}^tA$. $^t(A^{-1})A^{-1} = {}^t(^tA)\,{}^tA = A\,{}^tA = E_2$ より, $A^{-1} \in O(2)$. よって, 定理 3.1 より, $O(2)$ は $GL_2(\mathbb{R})$ の部分群. $SO(2)$ も同様 (省略).
(2) $z \in U(1)$ に対して, $\bar{z}z = 1$ より $z \neq 0$ であるから, $z \in GL_1(\mathbb{C}) = \mathbb{C}^*$. よって, $U(1) \subset \mathbb{C}^*$. $z, w \in U(1)$ に対して, $\overline{(zw^{-1})}(zw^{-1}) = \bar{z}z\overline{(w^{-1}}w^{-1}) = |z|^2|w^{-1}|^2 = 1 \cdot 1 = 1$ より, $zw^{-1} \in U(1)$. よって, 定理 3.1 より, $U(1)$ は $\mathbb{C}^*$ の部分群.
(3) $A = \begin{pmatrix} x & y \\ z & w \end{pmatrix} \in SO(2)$ とおくと, $^tAA = A\,{}^tA = E_2$ より, $x^2 + z^2 = 1$, $y^2 + w^2 = 1$, $xy + zw = 0$, $x^2 + y^2 = 1$, $z^2 + w^2 = 1$, $xz + yw = 0$. また, $\det A = 1$ より, $xw - yz = 1$. $x = \cos\theta$, $z = \sin\theta$ とおくと, $x^2 + y^2 = 1$, $z^2 + w^2 = 1$ より $y = \pm\sin\theta$, $w = \pm\cos\theta$. $xy + zw = 0$ と $xw - yz = 1$ より, $y = -\sin\theta$, $w = \cos\theta$.

## 第 7 章

7.1 (1) [$\Rightarrow$] $gH = H$ より, $g \in gH = H$. [$\Leftarrow$] は明らか.
(2) $G$ がアーベル群ならば, 任意の $g \in G$, $h \in H$ に対して $gh = hg$ より, $gH = \{gh \mid h \in H\} = \{hg \mid h \in H\} = Hg$.

7.2 (1) $H, gH, g^2H$. (2) $H, rH, fH, frH$. (3) $H, rH$.

7.3 [(1)⇒(2)] $gH = gH(g^{-1}g) = (gHg^{-1})g \overset{(1)}{=} Hg$. [(2)⇒(1)] $gHg^{-1} = (yH)g^{-1}$ $\overset{(2)}{=} (Hg)g^{-1} = H$. [(1)⇒(3)] 明らか. [(3)⇒(1)] (3) より $g^{-1}H(g^{-1})^{-1} \subset H$ も成り立つので, $g^{-1}Hg \subset H$. これより, $g(g^{-1}Hg)g^{-1} \subset gHg^{-1}$ が成り立つので, $H \subset gHg^{-1}$. よって, $gHg^{-1} \subset H$ かつ $H \subset gHg^{-1}$ より $gHg^{-1} = H$.

7.4 (1) $r^jH(r^j)^{-1} = H$ は明らか. $fr^jH(fr^j)^{-1} = f(r^jHr^{-j})f = fHf = \{e, fr^2f\}$ $= \{e, r^2\} = H$.
(2) 任意の $A \in GL_n(\mathbb{R}), B \in SL_n(\mathbb{R})$ に対して, $\det(ABA^{-1}) = \det A \det B \det(A^{-1})$ $= \det A \det B(\det A)^{-1} = \det B = 1$ より, $ABA^{-1} \in SL_n(\mathbb{R})$. よって, $A\,SL_n(\mathbb{R})\,A^{-1}$ $\subset SL_n(\mathbb{R})$ が任意の $A \in GL_n(\mathbb{R})$ に対して成り立つので, $SL_n(\mathbb{R}) \triangleleft GL_n(\mathbb{R})$.

7.5 (1) $f(e)f(e) = f(ee) = f(e)$. $f(e)f(e) = f(e)$ の両辺に右から $f(e)^{-1}$ を掛けて, $f(e) = e'$.
(2) $f(x^{-1})f(x) = f(x^{-1}x) = f(e) = e'$ かつ $f(x)f(x^{-1}) = f(xx^{-1}) = f(e) = e'$ より明らか.
(3) $f$ が単射のとき：$x \in \mathrm{Ker}\,f$ に対して $f(x) = e' = f(e)$. $f$ の単射性から $x = e$. $\mathrm{Ker}\,f = \{e\}$ のとき：$f(x) = f(x')$ ならば $f(x)f(x')^{-1} = e'$ より, $f(xx'^{-1}) = e'$. $\mathrm{Ker}\,f = \{e\}$ から $xx'^{-1} = e$. よって, $x = x'$.

7.6 $A = \begin{pmatrix} \cos\theta & -\sin\theta \\ \sin\theta & \cos\theta \end{pmatrix}, B = \begin{pmatrix} \cos\psi & -\sin\psi \\ \sin\psi & \cos\psi \end{pmatrix} \in SO(2)$ に対して, $f(AB) =$ $f(\begin{pmatrix} \cos(\theta+\psi) & -\sin(\theta+\psi) \\ \sin(\theta+\psi) & \cos(\theta+\psi) \end{pmatrix}) = \cos(\theta+\psi) + i\sin(\theta+\psi)$, $f(A)f(B) = (\cos\theta + i\sin\theta)(\cos\psi + i\sin\psi) = \cos\theta\cos\psi - \sin\theta\sin\psi + i(\sin\theta\cos\psi + \cos\theta\sin\psi) = \cos(\theta + \psi) + i\sin(\theta+\psi)$ より, $f$ は準同型写像. 全単射については省略（明らか）.

7.7 $G$ から $H$ への写像 $f$ を, $f(e) = e, f(a) = C_2, f(b) = \sigma_v, f(ab) = \sigma_vC_2$ で定義すると, $f$ は準同型写像であることがすぐに確かめられる. 全単射は明らか.

7.8 (1) $\mathbb{Z}/3\mathbb{Z} \times \mathbb{Z}/18\mathbb{Z}$. (2) $\mathbb{Z}/6\mathbb{Z} \times \mathbb{Z}/12\mathbb{Z}$. (3) $\mathbb{Z}/2\mathbb{Z} \times \mathbb{Z}/2\mathbb{Z}$.

7.9 3 個. ($\mathbb{Z}/2\mathbb{Z} \times \mathbb{Z}/2\mathbb{Z} \times \mathbb{Z}/2\mathbb{Z}, \mathbb{Z}/2\mathbb{Z} \times \mathbb{Z}/4\mathbb{Z}, \mathbb{Z}/8\mathbb{Z}$. )

7.10 (1)

| | $g_1$ | $g_2$ | $g_3$ | $g_4$ | $g_5$ | $g_6$ | $g_7$ | $g_8$ |
|---|---|---|---|---|---|---|---|---|
| $g_1$ | $g_1$ | $g_2$ | $g_3$ | $g_4$ | $g_5$ | $g_6$ | $g_7$ | $g_8$ |
| $g_2$ | $g_2$ | $g_3$ | $g_4$ | $g_1$ | $g_6$ | $g_7$ | $g_8$ | $g_5$ |
| $g_3$ | $g_3$ | $g_4$ | $g_1$ | $g_2$ | $g_7$ | $g_8$ | $g_5$ | $g_6$ |
| $g_4$ | $g_4$ | $g_1$ | $g_2$ | $g_3$ | $g_8$ | $g_5$ | $g_6$ | $g_7$ |
| $g_5$ | $g_5$ | $g_6$ | $g_7$ | $g_8$ | $g_1$ | $g_2$ | $g_3$ | $g_4$ |
| $g_6$ | $g_6$ | $g_7$ | $g_8$ | $g_5$ | $g_2$ | $g_3$ | $g_4$ | $g_1$ |
| $g_7$ | $g_7$ | $g_8$ | $g_5$ | $g_6$ | $g_3$ | $g_4$ | $g_1$ | $g_2$ |
| $g_8$ | $g_8$ | $g_5$ | $g_6$ | $g_7$ | $g_4$ | $g_1$ | $g_2$ | $g_3$ |

(2) $\sigma_1 = \varepsilon$, $\sigma_2 = \begin{pmatrix} 1 & 2 & 3 & 4 & 5 & 6 & 7 & 8 \\ 2 & 3 & 4 & 1 & 6 & 7 & 8 & 5 \end{pmatrix}$,

$\sigma_3 = \begin{pmatrix} 1 & 2 & 3 & 4 & 5 & 6 & 7 & 8 \\ 3 & 4 & 1 & 2 & 7 & 8 & 5 & 6 \end{pmatrix}$, $\sigma_4 = \begin{pmatrix} 1 & 2 & 3 & 4 & 5 & 6 & 7 & 8 \\ 4 & 1 & 2 & 3 & 8 & 5 & 6 & 7 \end{pmatrix}$,

$\sigma_5 = \begin{pmatrix} 1 & 2 & 3 & 4 & 5 & 6 & 7 & 8 \\ 5 & 6 & 7 & 8 & 1 & 2 & 3 & 4 \end{pmatrix}$, $\sigma_6 = \begin{pmatrix} 1 & 2 & 3 & 4 & 5 & 6 & 7 & 8 \\ 6 & 7 & 8 & 5 & 2 & 3 & 4 & 1 \end{pmatrix}$,

$\sigma_7 = \begin{pmatrix} 1 & 2 & 3 & 4 & 5 & 6 & 7 & 8 \\ 7 & 8 & 5 & 6 & 3 & 4 & 1 & 2 \end{pmatrix}$, $\sigma_8 = \begin{pmatrix} 1 & 2 & 3 & 4 & 5 & 6 & 7 & 8 \\ 8 & 5 & 6 & 7 & 4 & 1 & 2 & 3 \end{pmatrix}$.

(3) 略.

7.11 $g_1 = e$, $g_2 = r$, $g_3 = r^2$, $g_4 = r^3$, $g_5 = f$, $g_6 = fr$, $g_7 = fr^2$, $g_8 = fr^3$ とおき, $\sigma, \tau \in S_8$ を, $\sigma = (1\ 2\ 3\ 4)(8\ 7\ 6\ 5)$, $\tau = (1\ 5)(2\ 6)(3\ 7)(4\ 8)$ とする. $\varphi : G \to S_8$ を $\varphi(f^i r^j) = \tau^i \sigma^j$ $(i = 0, 1, j = 0, 1, 2, 3)$ で定めると, $\varphi$ により, $G \cong \{\varepsilon, \sigma, \sigma^2, \sigma^3, \tau\sigma, \tau\sigma^2, \tau\sigma^3\} \subset S_8$ が得られる.

## 第 8 章

8.1 (1) $0, 0'$ がともに零元の定義をみたすとすると, $0' = 0' + 0 = 0$. $1, 1'$ がともに単位元の定義をみたするとすると, $1' = 1' \cdot 1 = 1$.
(2) $0 \cdot a = (0 + 0) \cdot a = 0 \cdot a + 0 \cdot a$. 両辺に $-0 \cdot a$ を加えて $0 \cdot a = 0$. $a \cdot 0 = 0$ も同様.
(3) $0 \cdot x = 1$ となる $x$ があるとすると, (2) より $0 \cdot x = 0$ なので $1 = 0$ となり矛盾.

8.2 $R^*$ の定義から, $1 \in R^*$ であり, $a \in R^*$ に対して $a^{-1} \in R^*$. $a, b \in R^*$ に対して, $(ab)(b^{-1}a^{-1}) = 1$ より, $ab \in R^*$ であるから, $R$ は積について閉じている. $R^*$ が積について結合法則をみたすことは, $R$ が積についての結合法則をみたすことから明らか.

8.3 (1) $\overline{3}$. 　　(2) $\overline{1}$. 　　(3) $\overline{0}$. 　　(4) $\overline{3}$.

8.4 (1) $f(0) = f(0 + 0) = f(0) + f(0)$. $f(0) = f(0) + f(0)$ の両辺に $-f(0)$ を加えると, $0 = f(0)$.
(2) $f(a) + f(-a) = f(a + (-a)) = f(0) = 0$ より, $-f(a) = f(-a)$.

8.5 (1) 最大公約数：$7 (= -4 \cdot 56 + 3 \cdot 77)$. 　　(2) 最大公約数：$15 (= -11 \cdot 285 + 7 \cdot 450)$.
(3) 最大公約数：$1 (= -28 \cdot 78 + 23 \cdot 95)$.

8.6 (1) 正則元. 逆元は $\overline{8}$. 　　(2) 正則元ではない. 　　(3) 正則元. 逆元は $\overline{11}$.

8.7 $j = 1, 2, \ldots, r$ に対して, $u_j N_j \equiv 1 \pmod{n_j}$ かつ $u_j N_j \equiv 0 \pmod{n_i}$ $(i \neq j)$ であるから, $a$ のつくり方より, $a \equiv a_j \pmod{n_j}$ $(j = 1, 2, \ldots, r)$. $x$ が連立合同式の解ならば, 任意の $j$ に対して $x - a \equiv a_j - a_j \equiv 0 \pmod{n_j}$ となり, $n_1, \ldots, n_r$ は互いに素であることより, $x - a \equiv 0 \pmod{n_1 n_2 \cdots n_r}$. 逆に, $x = a + k n_1 n_2 \cdots n_r$ ($k$: 整数) とおくと, $x \equiv a \equiv a_j \pmod{n_j}$ より, $x$ は連立合同式の解になる.

8.8 (1) $x = 29 + 30k$ ($k$ は任意の整数). 　　(2) $x = 51 + 420k$ ($k$ は任意の整数).

8.9 (1) $\gcd((p-1)(q-1), e) = \gcd(120, 7) = 1$ より, $(n, e)$ は公開鍵.
(2) $d = 103$. 　　(3) $5^7 \equiv 47 \pmod{143}$ より, 47.

## 第 9 章

9.1

| + | $\bar{0}$ | $\bar{1}$ | $\bar{2}$ | $\bar{3}$ | $\bar{4}$ |
|---|---|---|---|---|---|
| $\bar{0}$ | $\bar{0}$ | $\bar{1}$ | $\bar{2}$ | $\bar{3}$ | $\bar{4}$ |
| $\bar{1}$ | $\bar{1}$ | $\bar{2}$ | $\bar{3}$ | $\bar{4}$ | $\bar{0}$ |
| $\bar{2}$ | $\bar{2}$ | $\bar{3}$ | $\bar{4}$ | $\bar{0}$ | $\bar{1}$ |
| $\bar{3}$ | $\bar{3}$ | $\bar{4}$ | $\bar{0}$ | $\bar{1}$ | $\bar{2}$ |
| $\bar{4}$ | $\bar{4}$ | $\bar{0}$ | $\bar{1}$ | $\bar{2}$ | $\bar{3}$ |

| $\cdot$ | $\bar{0}$ | $\bar{1}$ | $\bar{2}$ | $\bar{3}$ | $\bar{4}$ |
|---|---|---|---|---|---|
| $\bar{0}$ | $\bar{0}$ | $\bar{0}$ | $\bar{0}$ | $\bar{0}$ | $\bar{0}$ |
| $\bar{1}$ | $\bar{0}$ | $\bar{1}$ | $\bar{2}$ | $\bar{3}$ | $\bar{4}$ |
| $\bar{2}$ | $\bar{0}$ | $\bar{2}$ | $\bar{4}$ | $\bar{1}$ | $\bar{3}$ |
| $\bar{3}$ | $\bar{0}$ | $\bar{3}$ | $\bar{1}$ | $\bar{4}$ | $\bar{2}$ |
| $\bar{4}$ | $\bar{0}$ | $\bar{4}$ | $\bar{3}$ | $\bar{2}$ | $\bar{1}$ |

$\bar{1}^{-1} = \bar{1},\ \bar{2}^{-1} = \bar{3},\ \bar{3}^{-1} = \bar{2},\ \bar{4}^{-1} = \bar{4}.$

9.2 (1) [存在性] $f(x)$ の次数 $n$ についての数学的帰納法で示す. $g(x)$ の次数は 1 以上としてよい. $n < \deg g(x)$ に対しては, $f(x) = 0 \cdot g(x) + f(x)$ とすればよいので, $n \geqq \deg g(x)$ とする. $n < k$ まで $f(x) = q(x)g(x) + r(x)$ $(0 \leqq \deg r(x) < \deg g(x))$ となる $q(x)$, $r(x)$ が存在すると仮定して, $n = k$ のときを考える. $f(x)$, $g(x)$ それぞれの最高次の係数を $a, b$ とすると, $f(x) - \frac{a}{b}x^{k-\deg g(x)}g(x)$ の次数は $k-1$ 以下であるから, 帰納法の仮定より, $f(x) - \frac{a}{b}x^{k-\deg g(x)}g(x) = q_0(x)g(x) + r_0(x)$ $(0 \leqq \deg r_0(x) < \deg g(x))$ をみたす $q_0(x), r_0(x)$ が存在し, $f(x) = (\frac{a}{b}x^{k-\deg g(x)} + q_0(x))g(x) + r_0(x)$ が得られる. [一意性] $f(x) = q_1(x)g(x) + r_1(x) = q_2(x)g(x) + r_2(x)$ $(0 \leqq \deg r_i(x) < \deg g(x),\ i = 1, 2)$ とすると, $0 = (q_1(x) - q_2(x))g(x) + (r_1(x) - r_2(x))$. $\deg g(x) > \deg(r_1(x) - r_2(x))$ と左辺が 0 であることより, $q_1(x) - q_2(x) = 0$ かつ $r_1(x) - r_2(x) = 0$. よって, $q_1(x) = q_2(x)$ かつ $r_1(x) = r_2(x)$.

(2) (1) より $f(x) = q(x)(x - a) + r$ $(r \in K)$. $r = f(a) - q(a)(a - a) = 0$.

(3) $f(a_1) = 0$ より $f(x) = (x - a_1)g_1(x)$. $x = a_2$ を代入して $(a_2 - a_1)g_1(a_2) = 0$. $a_1 \neq a_2$ と $K$ が体であることより $g_1(a_2) = 0$ となるので $g_1(x) = (x - a_2)g_2(x)$. よって, $f(x) = (x - a_1)(x - a_2)g_2(x)$. $a_3, \ldots, a_n$ も同様にして, $f(x) = (x - a_1)(x - a_2)\cdots(x - a_n)g_n(x)$. $\deg f(x) = n$ より $g_n(x)$ は定数.

9.3 (1) $\bar{2}$  (2) $\bar{3}$  (3) $\bar{5}$

9.4 (1) $\overline{-x^2 - x}$  (2) $\overline{x^2 - 1}$  (3) $\overline{3x^2 + 2x}$

9.5 (1) 3 次なので, 既約でないならば 1 次式で割り切れる ($x, x + 1$ のいずれかで割り切れる). しかし, $x = 0, 1$ いずれを代入しても 0 にならないので既約 ($x + 1 = x - 1$ に注意).

(2)

| + | $\bar{0}$ | $\bar{1}$ | $\bar{x}$ | $\overline{x+1}$ | $\overline{x^2}$ | $\overline{x^2+1}$ | $\overline{x^2+x}$ | $\overline{x^2+x+1}$ |
|---|---|---|---|---|---|---|---|---|
| $\bar{0}$ | $\bar{0}$ | $\bar{1}$ | $\bar{x}$ | $\overline{x+1}$ | $\overline{x^2}$ | $\overline{x^2+1}$ | $\overline{x^2+x}$ | $\overline{x^2+x+1}$ |
| $\bar{1}$ | $\bar{1}$ | $\bar{0}$ | $\overline{x+1}$ | $\bar{x}$ | $\overline{x^2+1}$ | $\overline{x^2}$ | $\overline{x^2+x+1}$ | $\overline{x^2+x}$ |
| $\bar{x}$ | $\bar{x}$ | $\overline{x+1}$ | $\bar{0}$ | $\bar{1}$ | $\overline{x^2+x}$ | $\overline{x^2+x+1}$ | $\overline{x^2}$ | $\overline{x^2+1}$ |
| $\overline{x+1}$ | $\overline{x+1}$ | $\bar{x}$ | $\bar{1}$ | $\bar{0}$ | $\overline{x^2+x+1}$ | $\overline{x^2+x}$ | $\overline{x^2+1}$ | $\overline{x^2}$ |
| $\overline{x^2}$ | $\overline{x^2}$ | $\overline{x^2+1}$ | $\overline{x^2+x}$ | $\overline{x^2+x+1}$ | $\bar{0}$ | $\bar{1}$ | $\bar{x}$ | $\overline{x+1}$ |
| $\overline{x^2+1}$ | $\overline{x^2+1}$ | $\overline{x^2}$ | $\overline{x^2+x+1}$ | $\overline{x^2+x}$ | $\bar{1}$ | $\bar{0}$ | $\overline{x+1}$ | $\bar{x}$ |
| $\overline{x^2+x}$ | $\overline{x^2+x}$ | $\overline{x^2+x+1}$ | $\overline{x^2}$ | $\overline{x^2+1}$ | $\bar{x}$ | $\overline{x+1}$ | $\bar{0}$ | $\bar{1}$ |
| $\overline{x^2+x+1}$ | $\overline{x^2+x+1}$ | $\overline{x^2+x}$ | $\overline{x^2+1}$ | $\overline{x^2}$ | $\overline{x+1}$ | $\bar{x}$ | $\bar{1}$ | $\bar{0}$ |

| $\cdot$ | $\overline{0}$ | $\overline{1}$ | $\overline{x}$ | $\overline{x+1}$ | $\overline{x^2}$ | $\overline{x^2+1}$ | $\overline{x^2+x}$ | $\overline{x^2+x+1}$ |
|---|---|---|---|---|---|---|---|---|
| $\overline{0}$ | $\overline{0}$ | $\overline{0}$ | $\overline{0}$ | $\overline{0}$ | $\overline{0}$ | $\overline{0}$ | $\overline{0}$ | $\overline{0}$ |
| $\overline{1}$ | $\overline{0}$ | $\overline{1}$ | $\overline{x}$ | $\overline{x+1}$ | $\overline{x^2}$ | $\overline{x^2+1}$ | $\overline{x^2+x}$ | $\overline{x^2+x+1}$ |
| $\overline{x}$ | $\overline{0}$ | $\overline{x}$ | $\overline{x^2}$ | $\overline{x^2+x}$ | $\overline{x+1}$ | $\overline{1}$ | $\overline{x^2+x+1}$ | $\overline{x^2+1}$ |
| $\overline{x+1}$ | $\overline{0}$ | $\overline{x+1}$ | $\overline{x^2+x}$ | $\overline{x^2+1}$ | $\overline{x^2+x+1}$ | $\overline{x^2}$ | $\overline{1}$ | $\overline{x}$ |
| $\overline{x^2}$ | $\overline{0}$ | $\overline{x^2}$ | $\overline{1+x}$ | $\overline{1+x+x^2}$ | $\overline{x+x^2}$ | $\overline{x}$ | $\overline{1+x^2}$ | $\overline{1}$ |
| $\overline{x^2+1}$ | $\overline{0}$ | $\overline{x^2+1}$ | $\overline{1}$ | $\overline{x^2}$ | $\overline{x}$ | $\overline{x^2+x+1}$ | $\overline{x+1}$ | $\overline{x^2+x}$ |
| $\overline{x^2+x}$ | $\overline{0}$ | $\overline{x^2+x}$ | $\overline{x^2+x+1}$ | $\overline{1}$ | $\overline{x^2+1}$ | $\overline{x+1}$ | $\overline{x}$ | $\overline{x^2}$ |
| $\overline{x^2+x+1}$ | $\overline{0}$ | $\overline{x^2+x+1}$ | $\overline{x^2+1}$ | $\overline{x}$ | $\overline{1}$ | $\overline{x^2+x}$ | $\overline{x^2}$ | $\overline{x+1}$ |

(3) $\overline{x}^2 = \overline{x^2}$, $\overline{x}^3 = \overline{x+1}$, $\overline{x}^4 = \overline{x^2+x}$, $\overline{x}^5 = \overline{x^2+x+1}$, $\overline{x}^6 = \overline{x^2+1}$, $\overline{x}^7 = \overline{1}$ より，$F^* = \langle \overline{x} \rangle$.

9.6 (1) $19 - 1 = 18 = 2 \cdot 3^2$. $\frac{18}{2} = 9$, $\frac{18}{3} = 6$. 定理 9.3 を用いると，$\overline{2}^6 = \overline{7} \neq \overline{1}$, $\overline{2}^9 = \overline{18} \neq \overline{1}$ より，$\overline{2}$ は生成元. (2) $y = \overline{9}$. (3) $(g^r, m \cdot y^r) = (\overline{13}, \overline{7})$.

## 第 10 章

10.1 (1) イデアルではない. (2) イデアル. (3) イデアル. (4) イデアル.

10.2 (1) ×. (2) ○. (3) ×. (4) ○. (5) ×. (6) ○. (7) ○. (8) ○.
（○…イデアルの元である，×…イデアルの元ではない.）

10.3 $I$ を $K[x]$ のイデアルとする. $I = \{0\}$ のときは $I = (0)$ より単項イデアルであるから，$I \neq \{0\}$ としてよい. $I \neq \{0\}$ のとき，$I$ に含まれる $0$ でない多項式のうちで次数が最も小さいものを $f(x)$ とおく. もし $f(x)$ の次数が $0$ ならば，$f(x) = c$ $(c \in K)$ と表せる. $f(x) \neq 0$ より $c \neq 0$ であるから，$c^{-1} \in K$ である. $c \in I$, $c^{-1} \in K \subset K[x]$ より，$c^{-1} \cdot c = 1 \in I$ となり，$I = K[x] = (1)$ である. よって，このとき $I$ は単項イデアルである. $f(x)$ の次数が $1$ 以上のとき，任意の $I$ の元 $g(x)$ に対して，$g(x)$ を $f(x)$ で割った商を $q(x)$，余りを $r(x)$ とおくと，

$$g(x) = q(x)f(x) + r(x), \ 0 \leqq \deg r(x) < \deg f(x)$$

と表せる. ここで，$g(x), q(x)f(x) \in I$ より，

$$r(x) = g(x) - q(x)f(x) \in I.$$

もし $r(x) \neq 0$ ならば，$\deg r(x) < \deg f(x)$ より，$f(x)$ よりも次数が小さく，かつ $0$ でない多項式が $I$ に含まれることになって，$f(x)$ のとり方に反する. ゆえに，$r(x) = 0$ である. よって，$I$ に含まれるすべての多項式が $f(x)$ で割り切れるので，$I \subset (f(x))$ である. $(f(x)) \subset I$ は明らかなので，$I = (f(x))$ である.

10.4 (1) $(6)$. (2) $(x + 1)$. (3) $(x^2 + 1)$.

10.5 (1) 可換環 $R$ のイデアル $I$ について，$I$:極大イデアル $\overset{定理\ 10.6}{\Longrightarrow}$ $R/I$: 体 $\Longrightarrow$ $R/I$: 整域 $\overset{定理\ 10.6}{\Longrightarrow}$ $I$: 素イデアル.
(2) $(x)$. （素イデアルだが，$(x) \subset (x, y)$ より，極大イデアルではない.）

10.6 (1) 体ではない. （$x^4 + x^2 + 1 = (x^2 + x + 1)(x^2 - x + 1)$ より $\mathbb{Q}$ 上可約.） (2) 体である. （$f(x) = x^4 + x + 1$ とおくと，$f(0) \neq 0$, $f(1) \neq 0$ より $1$ 次式では割り切れない. また，$f(x) = (x^2 + ax + b)(x^2 + cx + d)$ をみたす $a, b, c, d \in \mathbb{F}_2$ は存在しない.

よって $f(x)$ は $\mathbb{F}_2$ 上既約.) (3) 体ではない. ($\mathbb{F}_5$ 上で $x^2 + 1 = (x+2)(x+3)$ と分解する.) (4) 体である. ($x^2 + 1$ は $\mathbb{F}_7$ 上既約.)

10.7 $-\dfrac{a}{a^2+b^2}x + \dfrac{b}{a^2+b^2}$.

10.8 $(a+b\sqrt{2})^{-1} = \dfrac{a}{a^2-2b^2} - \dfrac{b}{a^2-2b^2}\sqrt{2}$.

10.9 $x+1$.

10.10 $x = 0$ のときは明らか. $x \neq 0$ のとき, $x \in \mathbb{F}_q^*$ であり, $\mathbb{F}_q^*$ は位数 $q-1$ の巡回群なので, $x^{q-1} = 1$ より $x^{q-1} - 1 = 0$. この両辺に $x$ を掛けることで $x^q - x = 0$ を得る.

# 索　　引

著者・監修者プロフィール

●— 著者
# 川添 充（かわぞえ みつる）

1968年愛知県生まれ。
1991年京都大学理学部卒業。
1996年京都大学大学院理学研究科博士課程修了。
博士（理学）。
現在，大阪府立大学高等教育推進機構および大学院理学系研究科教授。
専門は代数幾何学，暗号理論，数学教育。
著書は『思考ツールとしての数学』（共立出版，共著），『新しい数学教育
の理論と実践』（ミネルヴァ書房，共著），『理工系新課程線形代数』『理
工系新課程線形代数演習』（以上，培風館，共著）など。


●— 監修者
# 上野 健爾（うえの けんじ）

1945年熊本県生まれ。
1968年東京大学理学部卒業。
1970年東京大学理学研究科修士課程修了。
1973年博士（理学）。
専門は代数幾何学，複素多様体論。
現在，京都大学名誉教授，四日市大学関孝和数学研究所長。
主な著書に『代数幾何学入門』『数学者的思考トレーニング』代数編，解析編，
複素解析編『円周率が歩んだ道』（以上，岩波書店）『和算への誘い』（平凡
社）"Conformal Field Theory with Gauge Symmetry"（American Math.
Society）など。

カバー　　　　　　　● 下野ツヨシ（ツヨシ＊グラフィックス）
本文デザイン・DTP ● 株式会社加藤文明社

数学のみかた，考え方 シリーズ

# 暗号から学ぶ代数学

2021年12月4日　　初版　第1刷発行

著　者　　川添 充
監修者　　上野 健爾
発行者　　片岡 巌
発行所　　株式会社技術評論社
　　　　　東京都新宿区市谷左内町 21-13
　　　　　電話　03-3513-6150 販売促進部
　　　　　　　　03-3267-2270 書籍編集部
印刷／製本 日経印刷株式会社

定価はカバーに表示してあります。

ISBN 978-4-297-12516-5 C3041
Printed in Japan

● 本書に関する最新情報は、技術評論社
　ホームページ（https://gihyo.jp/）を
　ご覧ください。
● 本書へのご意見、ご感想は、以下の宛
　先へ書面にてお受けしております。電
　話でのお問い合わせにはお答えいたし
　かねますので、あらかじめご了承くだ
　さい。

〒162-0846
東京都新宿区市谷左内町 21-13
株式会社技術評論社　書籍編集部
『暗号から学ぶ代数学』係
FAX：03-3267-2271